Fashion Colored gems

发现色彩之美

彩色宝石时尚手册

dian 点点文化 编著

云南出版集团公司
云南科技出版社
·昆明·

图书在版编目（CIP）数据

发现色彩之美：彩色宝石时尚手册 / 昆明点点文化传播有限公司编著. -- 昆明：云南科技出版社，2014.12
ISBN 978-7-5416-8796-9

Ⅰ. ①发… Ⅱ. ①昆… Ⅲ. ①宝石－手册 Ⅳ. ①TS933.21-62

中国版本图书馆 CIP 数据核字（2015）第 053998 号

责任编辑：赵　敏　章　沁
责任校对：叶水金
整体设计：杜　玮
责任印制：翟　苑

编　　著：昆明点点文化传播有限公司
作　　者：申南玉
编辑校对：吴梦婷　佟海敬　钱虹羽
创意制作：dian 点点文化　昆明点点文化传播有限公司
摄　　影：于家祥　申南玉
饰品提供：北京金钻屋珠宝首饰有限公司
北京慕妮爱莎珠宝
昆百大珠宝公司
昆明观朴商贸有限公司
昆明晶彩珠宝
昆明晶钰珠宝
昆明融通珠宝公司
深圳市聚思特珠宝有限公司
泰国长虹发展有限公司深圳珠宝公司
台湾 / 泰国永庆珠宝
坦桑尼亚中坦联合矿业集团公司
香港 Vseca 珠宝有限公司
香港信廷珠宝

云南出版集团公司
云南科技出版社出版发行
（昆明市环城西路 609 号云南新闻出版大楼　邮政编码：650034）
昆明富新春彩色印务有限责任公司印刷　全国新华书店经销
开本：787mm×1092mm　1/16　印张：7　字数：160 千字
2015 年 4 月第 1 版　2015 年 4 月第 1 次印刷
定价：48.00 元

序

由于彩色宝石的颜色、种类丰富，价格相对于翡翠低廉，人们对外接触增多以及中国经济的高速发展，使彩色宝石快速进入了我们的生活。但国人对彩色宝石的认识，还远远落后于发达国家。这就需要我们的专家写一些关于彩色宝石的书介绍给大家。

关于彩色宝石的书是很难写的，主要是我们见得少，对它研究得少，市场上有关彩宝的书多数是相互抄袭。但《发现色彩之美——彩色宝石时尚手册》这本彩色宝石专业书却让人眼前一亮。此书作者是年轻宝石专家申南玉，从这本书可看出作者知识广泛，宝石知识丰富，宝石功底厚实。

本书从宝石文化的起源到宝石文化的发展，介绍了彩色宝石在几千年到上万年的发展过程中的方方面面。使我们认识到它是能满足我们精神生活，使精神生活有价值有光辉的东西都能推动历史文明的发展。宝石也是如此，在这方面本书作了详细论述。东方人喜欢温润不太透明的翡翠而西方人喜爱透明而多彩的宝石都因文化背景的差异。文化是一种品质，是一种精神，无论任何产品甚至一段历史只要上升到文化现象，就会影响深远。宝石文化背后也藏着一个精彩的世界，在这方面书里写得很精彩。

美是人类必然的追求，爱美之心是人类自觉与不自觉的一生追求。一些人对于那些亮丽新奇吸眼的东西有一种强烈的追求，对缤纷五彩的宝石更是如此。本书也教你很多种佩戴方法。你看了这本书后，能够戴出你的自信、自我与美丽。这在其他宝石书里是很少见的，难能可贵。而我们大多数女性不知道根据自己的体型特征、个性特点来打扮自己。

全世界宝石种类繁多，算起来大约也有一二百个品种，一般人在学习时不知从哪里入手。这本《发现色彩之美——彩色宝石时尚手册》非常清楚地介绍了各种宝石的物理特性、色彩特征等知识，便于学者辨认鉴别，是一本不可多得的宝石工具书。今后彩色宝石要占据宝玉石市场的半壁江山，要综合经营各种宝玉石产品，迎合各种消费人群，使我们立于不败之地。

《发现色彩之美——彩色宝石时尚手册》这本书，内容全面，见解独到，深入浅出，文笔流畅，更重要的是作者对彩色宝石的激情与追求。

下一站，彩宝

这是一个色彩纷繁的世界。传统单一的黄、白、金色早已无法满足人们对于美的追求和渴望。在席卷欧美、韩、日之后，彩色宝石终于在中国内地也掀起了前所未有的风暴，占据了时尚人士的生活。短短时间里，红宝石、蓝宝石、碧玺、葡萄石、坦桑石、水晶、石榴石等五颜六色的宝石开始扮演重要的角色，它们或大块镶嵌，或星星点点，或点缀手腕，或流淌颈间。无论是决胜千里的谈判桌还是好友相聚的咖啡厅，抑或是余音袅袅的音乐会和恋人相会的花草径，耀眼的彩色宝石已经成了都市女性身上不可缺少的风景。

彩色宝石涵盖了自然界所有丰富迷人的色彩，不论是晴朗的天空、深邃的大海、雨后的草地抑或燃烧的火焰，所有的颜色我们都能从彩色宝石中一一找到对应，而且彩色宝石的颜色往往是人眼能够感受到的最为灵动和美丽的色彩。在当今全球时尚界色彩当道的潮流中，彩色宝石受欢迎的程度正在不断提高。而越来越多的中国人也正在突破单一色彩的限制，大胆地穿着多种色彩的衣服、化彩妆，并且选择和佩戴有颜色的宝石。

彩色宝石所拥有的多样化的寓意和良好祝愿也是其广受欢迎的重要原因。在许多国家流行达数百年之久的有关结婚周年纪念宝石、诞生石、星象护佑宝石的说法就非常有意义，这些对彩色宝石约定俗成的应用使我们的生活更加丰富多彩、充满乐趣。而且，也有越来越多的年轻人开始打破传统，在订婚和结婚时选择更具个性化的宝石，比如以红宝石象征对爱人的激情永远不变，以蓝宝石象征双方永远的忠诚，以祖母绿象征爱情之树常青等等。

本书将从彩色宝石的文化起源、种类、鉴别以及日常选购和佩戴等方面，缓缓铺展开一个斑斓绮丽的宝石世界，为您的下一站珠宝选择提供更多的依据。

目 录 Contents

Chapter 1 流光溢彩　彩色宝石文化

Culture Of Colored Gemstone

· 彩色宝石的文化起源
· 彩色宝石的流行文化
· 经典彩宝 TOP10
· 云南旅游宝石名片

彩色宝石以其色彩斑斓、晶莹剔透的特点，在珠宝界大放异彩。这是一种西方舶来的饰品，承载着西方的时尚、浪漫和梦幻，宝石璀璨的本身加上西方潮流的文化，这个珠宝界亮丽新生儿，散发着流光溢彩。

我们生长在这片“玉出云南”的土地上，她拥有丰富的宝玉石品种、庞大的珠宝销售市场、浓厚的珠宝文化氛围、神奇的大自然风光以及特有的地方色彩。与美丽的彩色宝石不期而遇，领略这奇妙而多彩的文化。

彩色宝石的文化起源

从人类形成到文明古国出现的上古时期（三百多万年前到公元前3000多年），人类从原始社会发展到奴隶社会，在最适合人类繁衍生息的大河流域和内海半岛孕育了六大古代文明：尼罗河流域的古埃及、底格里斯河和幼发拉底河流域的古巴比伦、恒河流域的古印度、黄河流域的古中国、爱琴海边的古希腊、地中海半岛上的古罗马。

这些古国为人类的文明进步做出了卓越贡献，也因为她们的文明、财富，为宝玉石文化的发祥奠定了坚实的基础。

在西方，人们更喜欢艳丽、明亮的宝石，这似乎很符合西方人直接、活跃的性格。对宝石常用的单词是“Gemstone”，对“珠宝”用“Jewelry”，后来有了玉“Jade”。

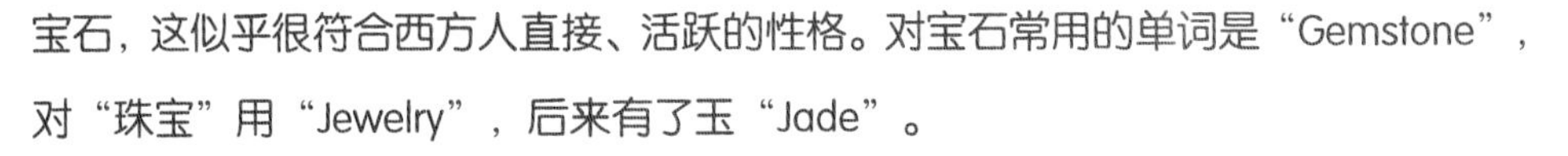

在东方，人们更多谈及的是细腻、温润的“玉”，符合中国人内敛、含蓄的性格。

我们看到了一个很有趣的事情，英语中的“Stone”，谐音与中文的“石头”基本是一样的，也许这就是东、西方对珠宝喜爱的不谋而合吧。

西方文化

在西方文化中，彩色宝石以它的美丽、坚硬、璀璨、耐久等特性，在历史的长河中扮演着图腾、祭品、信物、饰物、神器等角色，传达着能量、权贵、庇护等美好的信念，留下许多精彩的神话传说，咏诵着一个个动人的浪漫爱情故事。

宝石匠术

古时候人们把宝石崇拜称为宝石匠术：“在史前时代，由于宝石的超自然特性而受到崇拜。早期的楔形碑记录了一组宝石能减缓妇女怀孕和分娩的痛苦，产生爱和恨。古人的这些理念孕育了巴比伦王国时代的占星术。而古希腊帝国的宝石匠术也与治疗有关。早期的基督教反对魔法，谴责有刻纹的护身符，但容许有治疗作用的护身符，并形成了自身独特而又有象征意义的宝石匠术。”（《宝石和贵金属自然史》C.W.King，1867）。

在人类历史长河中，彩色宝石一直被一些族群和文化认为是具有超自然能量的物质，它们的神秘和美丽启迪人们去利用宇宙的力量塑造现实世界。长期以来，人类把宝石作为护身符和避邪物佩戴。它可以治愈疼痛、祭祀祈求上苍、赋予爱的力量、驱邪镇魔、带来好运、代表身份和地位。直到今天，有许多人相信彩色宝石具有超自然的力量。

星相学（占星术）和黄道十二宫

古希腊人用动物名字命名了星座。古代巴比伦王国发明了星相学（占星术）和黄道十二宫，这一古代经典学说推动了彩色宝石在护身符和诞辰石领域的应用，产生了原始的宝石文化。古罗马凯撒修订的儒略历演变成了今天全世界公用的阳历，繁荣了生辰石文化。

黄道十二宫（Zodiac）一词来自希腊语 zodiakos，意思是动物园。在希腊人眼里，星座是由各种不同的动物形成，这也就是十二个星座名称的由来。古代天文学（地心学）认为，从地球上看，太阳、月亮及其他行星每年都以相近的轨迹越过天空。太阳环绕地球所经过的轨迹称为“黄道”。黄道宽 16 度，环绕地球一周为 360 度，黄道面包括了除冥王星以外所有行星运转的轨道，也包含了星座，恰好约每 30 度范围内各有一个星座，总计为十二个星座，称为“黄道十二宫”。

把宝石的能量和黄道十二宫相联系应追溯到几千年前，星相学中的十二个星座与太阳历的十二个月相对应。随着时间推移，星相师们把某种宝石又和黄道十二宫的每一个宫相关联，以此来帮助人们按自己的意志去影响天体。黄道的宫和它们相匹配的宝石依据天体位置的不同表现出能量的强弱。

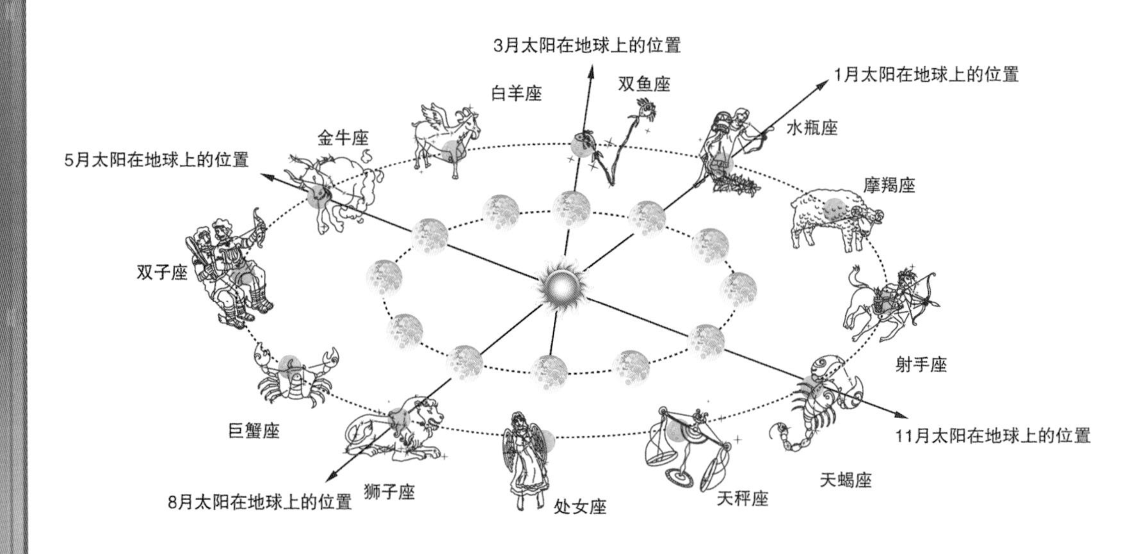

黄道十二宫图

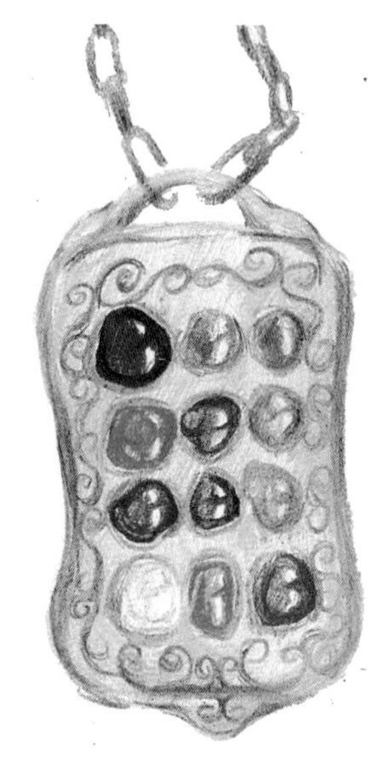

亚伦胸牌 (Exodus Breastplate)

在西方宝石文化中，《圣经》中的“亚伦胸牌”（公元前 1450 年，《圣经》第二卷《出埃及记》，亚伦，以色列大主教，上帝给亚伦设计了一块胸牌，取名霍森。上帝要求亚伦的弟弟摩西把霍森造出来，霍森即为由十二颗彩色石头组成的胸牌，代表以色列十二个部落的创建者），分布着四行宝石，有十二颗彩色石头，第一行是红宝石、托帕石、绿柱石，第二行是绿松石、蓝宝石、祖母绿，第三行是锆石、玛瑙、紫水晶，第四行是橄榄石、缟玛瑙、碧玉，是现代生辰石的历史渊源。

这些传说都贯穿十二周期律这条主线：黄道十二宫，阳历十二个月，“亚伦胸牌”的十二颗石头。

东方文化

古人说：玉，石之美者。意思就是，玉石就是漂亮的石头，在古代科技不发达的时候，只要是漂亮的石头，人们都称之为玉，并不像现代将玉石、宝石两个概念分得很清楚。在古书里记载的珍贵饰品，多数只是写着“白玉”“青玉”“紫牙乌”等用颜色特征来命名的名词，现在科技发达了，我们利用专业的仪器，根据每种“石头”物理、化学、光学性质的不同，才有了区分。

《本草纲目》（明代李时珍）

在这本著作中，《石部》中对“宝石”的释名为：宝石出西番、回鹘地方诸坑井内，云南、辽东亦有之。有红、绿、碧、紫数色。碧者，唐人谓之瑟瑟。红者，宋人谓之靺鞨 。今通呼为宝石。以镶首饰器物，大者如指头，小者如豆粒，皆碾成珠状。此时的“宝石”概念比较窄，和我们现代的宝石概念相差甚远。

文《说文解字》（东汉许慎）

“玉，石之美者。有五德：润泽以温，仁之方也；䚡理自外，可以知中，义之方也；其声舒扬，专以远闻，智之方也；不桡而折，勇之方也；锐廉而不技，絜之方也。”

玉仁润，指细腻光滑、湿润、润滑。润泽指玉石断口的油脂光泽，比喻施恩泽；温指温和柔和。“润泽以温，仁之方也”是说颜色、质地、光泽温润柔和，滋益万物或恩泽万物，这是玉石富有仁德的表现。

玉义理，指玉石的纹理。“䚡理自外，可以知中，义之方也”是说，根据玉石的外部特征可以了解它的内部情况，表里如一，内外一致，这是玉石富有正义感的表现。

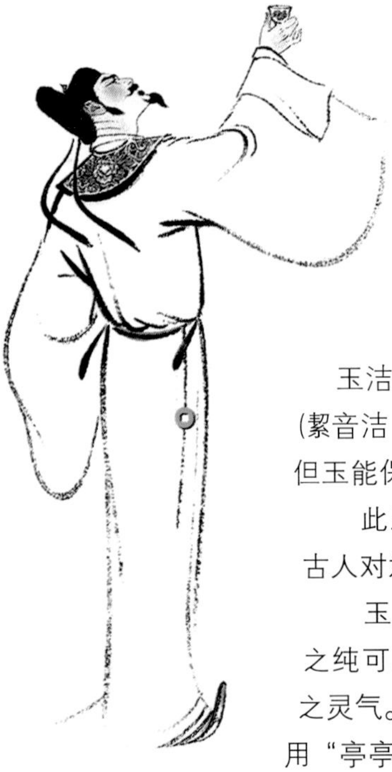

玉智，指优质玉因玉质地坚硬细腻，可制作乐器。“其声舒扬，专以远闻，智之方也”是说，敲击玉石声音舒展清扬，散播四方，听起来和悦，这是玉石富有智慧和远谋的表现。

玉勇，指玉虽硬度不算太高，但韧度在自然宝玉石中居首。“不桡而折，勇之方也”是说，玉有宁折断而不弯曲，坚贞不屈的勇敢精神，这是玉有坚韧不拔的表现。

玉洁廉，指玉廉洁，清廉。“锐廉而不技，絜之方也”（絜音洁）是说，玉碎之后，断口虽然锐利，有能力报复于人，但玉能保持廉洁而不为之，这是玉高风亮节的表现。

此五德，既指玉，又指人，语意双关，形象地描绘了古人对君子高贵品德的要求。

玉之润可消除浮躁之心，玉之色可愉悦烦闷之心，玉之纯可净化污浊之心，君子爱玉，希望在玉身上寻到天然之灵气。中国人崇尚“君子无故玉不去身”“守身如玉”，用“亭亭玉立”“玉树临风”等成语形容俊美、潇洒的男女。

彩色宝石的流行文化

西方彩宝文化进入东方，以其浪漫、婚礼、星座等元素感染着追求时尚、爱情的年轻一代。新出现的生辰石、星座石、幸运石、结婚纪念石带着美好、浪漫、能量的含义，深受东方年轻人的喜爱。

生辰石

生辰石的英文是 Birthstone，一个人出生于某一个月，自然界就会有一种美丽的宝石能给他带来幸运和能量。

随着时间的推移，有关宝石和它们的寓意之间的争议已销声匿迹，科学的观察宝石代替了神秘的宝石崇拜。到 20 世纪初叶，美国宝石学家乔治・F・昆兹（George Frederick Kunz,1856~1932）于 1913 年出版了《奇妙的宝石传说》(The Curious Lore of Precious Stone) 一书。首次将古代的“亚伦胸牌”和现代的犹太宝石文化相结合提出了现代意义的“生辰石”。昆兹研究认为，现代生辰石起源于 18 世纪的波兰，当时有大量犹太人移居波兰，犹太裔波兰人继承了以《圣经》为基础的宗教和传统，大主教们在主要的宗教活动中佩戴用宝石做成的“胸牌”复制品。犹太裔波兰人这一时期佩戴生辰石也在情理之中。到 19 世纪末 20 世纪初，大批波兰人移居美国，这其中不乏大量波兰籍犹太人随之西渡，他们带去了传统的宗教，也带去了生辰石文化。北美的珠宝市场也因此得到繁荣。

美国国家珠宝商协会于 1912 年尝试建立了首份生辰石图表。此份图表并未受到业内广泛认同。1952 年，美国珠宝产业理事会采纳了英国版的生辰石图谱，并在北美得到广泛应用。如今，美国宝石学院（GIA）推出的生辰石图表是集历史之大成，被西方国家普遍接受。

生辰石对照表

月份	《圣经·出埃及记》（公元前1450年）	国家珠宝商协会（1912年）	珠宝产业理事会（1952年）	美国宝石学院（GIA，2009年）	
				宝石名称	象征意义
1月	缟玛瑙	石榴石	石榴石	石榴石	贞操、友爱、忠实
2月	碧玉	紫水晶	紫水晶	紫水晶	诚实、心地平和
3月	红宝石	鸡血石或海蓝宝	鸡血石或海蓝宝	海蓝宝	沉着、勇敢、聪明
4月	托帕石	钻石	钻石或无色水晶	钻石	纯洁无瑕
5月	红榴石	祖母绿	祖母绿	祖母绿	和谐、幸福、自然的爱
6月	祖母绿	珍珠或月光石	珍珠、月光石或亚历山大石	珍珠	健康、长寿、富贵
7月	蓝宝石	红宝石	红宝石	红宝石	仁爱和生命的热情、尊严
8月	钻石	红玛瑙或橄榄石	红玛瑙或橄榄石	橄榄石	温和聪敏、家庭美满
9月	红锆英石	蓝宝石	蓝宝石或青金石	蓝宝石	忠诚与诚信
10月	玛瑙	欧泊或碧玺	欧泊或粉红色碧玺	欧泊	希望和快乐
11月	紫水晶	托帕石	托帕石或黄水晶	托帕石	和平、友爱、希望
12月	绿柱石	绿松石或青金石	绿松石或锆石	绿松石	成功

生 辰 石

1月 石榴石

2月 紫水晶

3月 海蓝宝

4月 钻石

5月 祖母绿

6月 珍珠

7月 红宝石

8月 橄榄石

9月 蓝宝石

10月 欧泊

11月 托帕石

12月 绿松石

星座石

黄道十二宫星座

星座幸运石、守护石

水瓶座 1/21~2/18　*Aquarius*

幸运石：紫水晶 蓝宝石 石榴石 粉晶 珍珠

守护石：萤石

萤石的稳定柔和，可帮助缓和急躁的脾气，减低精神紧张，消除工作压力。能够促进水瓶座分析、比对、归纳及重组的能力，促进学业，并增加其审美观及亲和力，帮助自身气场消磁净化，去除一些不利的杂气晦气。水瓶座佩戴一款别致而不张扬的萤石饰品，期待那心想事成的好运光临吧。

双鱼座 2/19~3/20　*Pisces*

幸运石：海蓝宝石 绿色碧玺 水晶 蓝宝石 祖母绿 紫水晶 钻石 玉石

守护石：茶晶

对于脾气不稳、情绪起伏的双鱼座来说，佩戴一款茶晶饰品能舒缓紧张的精神压力，拥有一份安逸和谐的心境，令事业的奋进也能在心境的安逸中丰收！同时，茶晶对清浊去邪也具有特别的疗效，能促进再生、增强免疫，令双鱼座的身心内外都能实现心旷神怡的富足收获！

白羊座 3/21~4/19 *Aries*

幸运石：白水晶 黄玉 紫水晶 石榴石 琥珀 红宝石

守护石：紫水晶

紫水晶代表灵性、精神、高层次的爱意。紫水晶作为传统意义上的护身符，通常可驱赶邪运、增强个人运气，并能促进智能，平稳情绪，提高直觉力、帮助思考、集中注意力、增强记忆力，给人勇气与力量。紫色主宰右脑世界，即直觉与潜意识，对于白羊座来说，特别适宜拥有紫水晶，促使其精神集中，提高思维活力，使人能在困扰中沉着思考，冷静面对现实的挑战。

金牛座 4/20~5/20 *Taurus*

幸运石：黄晶 祖母绿 海蓝宝 粉晶 翡翠

守护石：金发晶

金黄色对应太阳轮，对肠胃肝脏等器官有疗效。正偏财旺，可作金牛座幸运符使用，尤其对经常夜间工作者有加强财运的效果，给人积极旺盛的上进心，令其具备冲劲和胆识。一款金发晶饰品能够带给工作勤勉的牛儿们一份勤劳而来的财富。

双子座 5/21~6/21 *Gemini*

幸运石：水晶 黄玛瑙 黄晶 紫水晶 琥珀 橄榄石 海蓝宝

守护石：黄水晶

黄水晶的能量振动频率能帮助双子消解紧张情绪、帮助肠胃等消化系统的功用，也是智能与喜悦的象征，可聚偏财，实现意想不到的财富，对于从事服务性商业公司及商家的双子来说是不可或缺的招财宝，有绵绵不绝的催财功效 。

巨蟹座 6/22~7/22 *Cancer*

幸运石：红宝石 粉红碧玺 石榴石

守护石：红玛瑙

最具疗效的宝石之一（消化系统、胃痛），可平衡正负能量，消除精神紧张及压力。维持身体及心灵和谐，增强爱、忠诚，同时也具激发勇气，使人信心果敢的功效，也适合体弱多病或刚痊愈的人配戴。对于情绪化的蟹子，需要红玛瑙强大的力量来稳定思绪的困扰。

狮子座 7/23~8/22 *Leo*

幸运石：橄榄石 碧玺 黄玉 紫水晶 蓝宝石 琥珀 钻石

守护石：红纹石

红纹石华丽醇和，色泽润红，光线下的云絮状细晶透射出斑斓精致的丝丝石纹。蕴藏着幸福和富贵的红纹絮彩石，能大大提升个人魅力和爱情指数，也是很好的狮子座守护、辟邪之物，最适合热情似火的狮子座佩戴！

处女座 8/23~9/22 *Virgo*

幸运石：蓝黄玉 蓝宝石 黄水晶 琥珀 翡翠

守护石：红聚宝石

红聚宝石又称红幽灵水晶，具有招财，聚财的神秘力量，是渴望成功人士不可多得的“事业催化剂”。创造事业财富，主招财、纳财。红聚宝水晶中的红光有高度凝聚财富的力量，可强化免疫系统机能，使人自然祥泰，事业官运蒸蒸日上。柔弱的处女，更需要红宝的庇护，给予力量，使其事业蒸蒸日上！

天秤座 9/23~10/23 *Libra*

幸运石：海蓝宝石 祖母绿 碧玺 粉晶 橄榄石

守护石：黑曜石

黑曜石是在地底火山爆发时送到地表形成的，也称为“火山琉璃”。对全部脉轮具有稳定平和作用，能助人提高深层意识。其能量可以贯通灵脉，能清除身上病气及负能量，避邪除秽气，能消除固有障碍，促进天秤座的协调本能，加强人体下盘落实能力。忙碌的一年，天秤座更应为自己选上一款平和的黑曜石饰品。

天蝎座 10/24~11/22 *Scorpio*

幸运石：紫水晶 石榴石 绿碧玺 黄玉 海蓝宝石

守护石：石榴石

石榴石因其晶体外形酷似成熟的石榴籽而得名，石榴石的名称来源于拉丁语，意思是“像种子”。我国古称“紫牙乌”。可加强女性温柔婉约的特质，有旺血强心的特效，加强生殖、再生能力，可抵抗疾病的侵入。最能改善体弱畏寒及妇科疾病。其光泽强烈，颜色美丽，是现代人们较喜爱的佩戴品种之一。石榴石也是天蝎座的守护石，被认为是信仰、忠实和真诚的象征。古往今来，石榴石也被认为是旅途平安的保障，因此送给经常出门旅行的天蝎这样一款饰品作礼物是再尽心不过了。

射手座 11/23~12/21 *Sagittarius*

幸运石：海蓝宝石 蓝黄玉 紫水晶 粉红碧玺 红宝石

守护石：芙蓉石

芙蓉石是粉色的水晶，爱情宝石的第一品牌，可以增强自身气场的粉红光，粉红光也是阿佛洛狄忒（爱之女神）的爱之颜色，增强异性缘的首选之物。芙蓉石也可舒缓紧张、烦躁情绪，保持心境平静。在养生功效方面，芙蓉石有助于循环系统和呼吸器官的保健。芙蓉石所散发出来的是温和而吸引人的粉红色光芒，可以使四周的人喜爱自己，面对纷杂人际影响，对于不拘小节的射手座就尤其具备排忧解困、广济人脉的功效。

摩羯座 12/22~1/20　*Capricorn*

幸运石：石榴石　黄玉　红玛瑙　粉红碧玺　钻石

守护石：虎睛石

黄黑相间、色彩斑斓的虎睛石，质地油润亮泽、花纹清晰鲜明，进而反射出如猫眼般的璀璨光芒，常被作为象征尊贵的圣石。黄虎睛也是财富的象征，有助获得意想不到的横财，对于内向而少行动的摩羯，特别建议佩戴虎睛石，这将令他们具备排除万难的勇气和建功立业的信心，同时也令他们的前程异彩纷呈。

搭配 Tips：十二星座适宜佩戴的宝石戒指 & 吊坠

白羊座——适宜戴紫水晶或紫红碧玺戒指；紫水晶、红碧玺吊坠，彰显典雅高贵气质。

金牛座——适宜戴祖母绿戒指，以方形为最好；祖母绿或者橄榄石吊坠，自然可爱。

双子座——适宜戴蜜蜡戒指；琥珀、珊瑚吊坠，能够得到自然之神的庇护。

巨蟹座——适合戴翠玉戒指；绿松石或翡翠吊坠，能够保持身心愉悦。

狮子座——适合戴红宝石、红蜜蜡、血珀或红石榴石戒指；石榴石或者红宝石吊坠，佩戴者能够心想事成、取得胜利。

处女座——适合戴玉髓戒指；珍珠和玉髓吊坠，温婉尔雅。

天秤座——适宜戴钻石戒指和吊坠，古典款式为佳。

天蝎座——适宜戴黄玉戒指；黄水晶吊坠，招财助运。

射手座——适合戴绿松石或珍珠戒指；绿宝石吊坠。

摩羯座——适合戴玛瑙或琥珀戒指；蓝宝石吊坠，帮助保持冷静的思维和判断。

水瓶座——适宜戴蓝宝石或淡蓝钻石戒指；海蓝宝或者月光石吊坠。

双鱼座——适宜戴珊瑚或粉红钻石戒指；粉红水晶或者西瓜碧玺吊坠，展现个人魅力。

婚姻纪念石

钱钟书在《围城》里写道："城外的人想冲进去，城里的人想逃出来"，经典地概括了婚姻的状态，但人们大多在浅声轻吟这句话的时候，心底对婚姻生活的向往却是坚固、浪漫、悠长。

婚姻生活岁月悠悠，两人相携而过，随着时间的推移，生活多少都有了一些改变。在西方，人们贴切地用生活中的各种器物比喻不同的婚姻关系，也代表着美好的祝愿。

Anniversary Day

◆ 第一年 纸婚 -- *Paper wedding*

初识未了解、感情薄如纸。

◆ 第二年 棉婚 -- *Cotton wedding*

感情加厚、温暖踏实。

◆ 第三年 皮革婚 -- *Leather wedding*

舒适默契，渐有韧性。

◆第四年　丝婚 -- *Silk wedding*

彼此习惯，丝般柔顺。

◆第五年　木婚 -- *ood wedding*

岁月刻纹，坚韧朴实。

◆第六年　铁婚 -------------------------- *Iron or Sugar Candy wedding*

熟悉光亮，如铁坚硬。

◆第七年　铜婚 -- *pper wedding*

平淡生活，略显黯淡。

◆第八年　器具婚 ------------------------------------*Appliance wedding*

实用朴实，温暖熟悉。

◆第九年　陶婚 -- *Pottery wedding*

最熟悉的陌生人，如陶般无华而易碎。

◆第十年　锡婚 -- *Tin wedding*

坚固雅致，不易跌破。

◆第十一年　钢婚 -- *Steel wedding*

钢铁般坚硬，今生不变。

◆第十二年　链婚 -- *Linen wedding*

铁链相扣，心心相映。

◆第十三年　花边婚 -- *Lace wedding*

光彩雅致，多姿多彩。

◆第十四年　象牙婚 -- *Ivory wedding*

岁月沉香，高贵典雅。

◆第十五年 水晶婚 ---------------------------------- *Crystal wedding*

透明清澈，璀璨晶莹。

◆第二十年 瓷婚 ---------------------------------- *China wedding*

白净无瑕，光滑细腻。

◆第二十五年 银婚 ---------------------------------- *Silver wedding*

高贵恒久，是婚后第一个大庆典。

◆第三十年 珍珠婚 ---------------------------------- *Pearls wedding*

光泽柔和，美丽和珍贵。

◆第三十五年 珊瑚婚 ---------------------------------- *Coral wedding*

嫣红致密，高贵出众。

◆第四十年 红宝石婚 ---------------------------------- *Ruby wedding*

色泽艳丽，名贵永恒。

◆第四十五年 蓝宝石婚 ---------------------------------- *Sapphire wedding*

珍贵璀璨，历久弥新。

◆第五十年 金婚 ---------------------------------- *Golden wedding*

情如金坚，至高无上，婚后第二个大庆典。

◆第五十五年 绿宝石婚 ---------------------------------- *Emerald wedding*

活力珍贵，人生难求。

◆第六十年 钻石婚 ---------------------------------- *Diamond wedding*

坚硬光彩，纯洁无瑕，夫妻一生中最隆重的结婚典庆，珍奇罕有，今生无悔。

结婚纪念日作为婚姻生活最需要纪念的重要日子，婚姻石在这样的西方浪漫习俗中产生，爱侣们选择坚固、鲜艳的宝石、金银制作的首饰馈赠给对方以示尊重和纪念，表达爱意和永恒，被双方珍视。每一年的结婚纪念日都具有不同的珍贵、浪漫含义，也代表着爱侣们的忠贞、珍贵、依偎、浪漫、相伴、携手。

年份	名称	英文	宝石
1年	纸婚	*Paper wedding*	铂　金
2年	棉婚	*Cotton Wed*	石榴石
3年	皮革婚	*Leather Wed*	托帕石
4年	丝婚	*Silk Wed*	粉水晶
5年	木婚	*Wood Wed*	蓝宝石
6年	铁婚	*Iron Wed*	紫水晶
7年	铜婚	*Copper Wed*	黑玛瑙
8年	器具婚	*Appliance Wed*	碧　玺
9年	陶婚	*Pottery Wed*	青金石
10年	锡婚	*Tin Wed*	锡　器
11年	钢婚	*Steel Wed*	黑曜石
12年	链婚	*Linen Wed*	绿松石
13年	花边婚	*Lace Wed*	黄水晶
14年	象牙婚	*Ivory Wed*	象　牙
15年	水晶婚	*Crystal Wed*	白水晶
20年	瓷婚	*China Wed*	金绿宝石
25年	银婚	*Silver Wed*	纯　银
30年	珍珠婚	*earl Wed*	珍　珠
35年	珊瑚婚	*Coral Wed*	珊　瑚
40年	红宝石婚	*Rudy Wed*	红宝石
45年	蓝宝石婚	*pphiye Wed*	蓝宝石
50年	金婚	*Golden Wed*	纯　金
55年	绿宝石婚	*Emerald Wed*	祖母绿
60年以上	钻石婚	*Diamond Wed*	钻　石

经典彩宝 TOP10

从古至今，昂贵、璀璨的珠宝总是和美丽、浪漫的故事、人物分不开的。高贵的皇室、耀眼的明星，浪漫的爱情、挚爱的收藏，一个个经典的故事让世人传颂。

明亮艳丽的轻快

蒂芙尼黄色小鸟钻石（石上鸟）

宝石主角：黄钻

黄钻也称金钻，是指钻石中颜色纯正、色调鲜明的黄色或金黄色的彩钻。黄钻系列除黄色、金黄色外，还包括酒黄，琥珀色等颜色。

所有者：蒂芙尼 Tiffany

1837 年，美国康涅狄格州一位磨坊主的儿子查尔斯·刘易斯·蒂芙尼，来到纽约百老汇，用借来的 1000 美元作开业资本，在纽约开设了一间文具和精致工艺品的精品店，店里所售货品全部标明“不还价”，不允许顾客讨要折扣，这在当时算是新的经销方式，此创举成为当时全美国的重大新闻。

1848 年蒂芙尼开始转而经营珠宝行业，仅 20 世纪初期，就有 23 个国家的皇室成员成为蒂芙尼公司的顾客。除了皇室成员，美国总统和名门望族也是他们的主顾。公司渐渐取得了世界宝石业的领导地位，蒂芙尼先生也被媒体冠以“钻石之王”的称号。

蒂芙尼珠宝以爱与美、罗曼蒂克与梦想为主题，简约鲜明的线条诉说着冷静超然的个性和另人心动神移的优雅。束以白色缎带的蓝色包装礼盒 (Tiffany Blue Box) 完美永恒地承载着优雅的美感、无与伦比的设计和完美无瑕的制作工艺，是蒂芙尼品牌雅致和格调的象征。蒂芙尼有一项品牌传统：无论你愿意出多少钱，蓝色礼盒只赠送不售卖，蒂芙尼公司严格规定，印有公司名称的蓝色礼盒永远禁止带出公司，除非承载了由蒂芙尼销售并承担品质责任的完美设计臻品。蓝色礼盒已然成为人们心目中代表浪漫与幸福的标志。它一度被命名为知更鸟蛋蓝或者勿忘我蓝，而最终被定名为蒂芙尼蓝。

蒂芙尼还有最为经典的 Setting 系列钻戒。它于 1886 年设计推出，六爪铂金设计将钻石镶在戒环上，最大限度地衬托出了钻石，使其光芒得以全方位折射，无与伦比的璀璨光芒述说着唯美浪漫，享富盛誉的经典镶嵌承袭着悠久传统，正是这两种非凡魅力将神圣无比的求婚幻化为富于神奇魔力的唯美瞬间，象征着山盟海誓与真挚爱情，也成为全球订婚钻戒的首选。

典故:

1878年，蒂芙尼先生从南非金伯利钻矿甘巴利矿石场，以18000美元购得一枚287.42克拉的、堪称世界最大、最优质的黄钻。在蒂芙尼(Tiffany)著名的宝石学家乔治·坤斯(George Frederick Kunz)博士的指导下，工匠们将它切割成一枚82个切割面、128.54克拉的精美枕形黄钻，最大限度地彰显了黄钻的动人美态和耀目光辉，仿佛熊熊烈火在中心燃烧。

这颗著名的Tiffany黄钻在品牌设计师“珠宝诗人”让·史隆伯杰（Jean Schlumberger）的绝妙创作下，诞生了名为“石上鸟”的高级珠宝作品，是Tiffany &Co.纽约总店里的“镇店之宝”。Jean Schlumberger还将这枚黄钻镶嵌在了他设计的缎带项链上，由白金和钻石打造的缎带轻舞飞扬，簇拥着这颗硕大的浓艳的黄色钻石，环绕在著名影星赫本的颈间，出现在1960年电影《蒂芙尼早餐》（Breakfast at Tiffany's）上，淋漓尽致地展示了蒂芙尼的纽约风情，成为永恒经典。在蒂芙尼引导的那个年代里，珠宝之于女人就是一种精致、纯粹的生活理想。在每一个女人心中，蒂芙尼永远是爱与美、罗曼蒂克与梦想的象征。蒂芙尼黄钻的宣传语是：“独致光芒，唯予独一的你”，它如同晨曦的太阳般折射出闪烁而纯净的光芒，以其独特的造型、出众的克拉数、非凡的镶嵌工艺，展示出黄色大粒钻石的魅力风采，现已成为蒂芙尼钻石传承和精湛工艺的象征。

彩色宝石搭配的典范

温莎夫人火烈鸟胸针

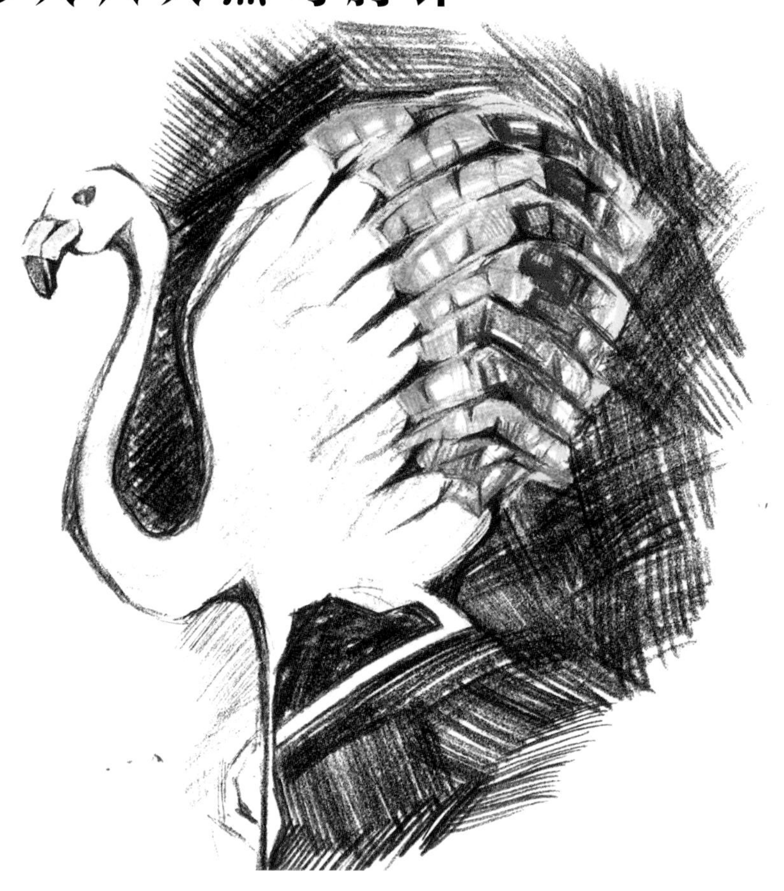

宝石主角：钻石、祖母绿、红宝石、蓝宝石

钻石的纯净闪烁，色度统一、火彩散发的白色圆钻一直是群镶套件必不可少的元素。艳绿的祖母绿、鲜红的红宝石、湛蓝的蓝宝石，大小相近、色调一致，巧妙搭配，火烈鸟鲜艳羽毛就这样奢华地呈现。火烈鸟神态生动，彩宝鲜明的色调、豪华的用料，优雅的迈步、生动的设计，群镶和槽镶精湛的做工，无一不体现出传世之作的细节。

所有者：温莎公爵夫人辛普森

在珠宝浪漫故事中，温莎公爵夫妇绝对是最浪漫、经典的一对。温莎公爵（Duke of Windsor）是用美丽的钻石，铭刻下了刻骨铭心、浪漫爱情故事的男人，他爱美人不爱江山，使他成为英国史上最著名的爱情故事的男主角之一，而被世人仰望。1936 年 1 月，温莎公爵继位为爱德华八世，早年间，温莎公爵屡立军功，文武兼备，是君临天下的绝佳人选。而这位文武双全的国王，却和一位出身平凡、有过两次婚史的美国夫人辛普森、年长于他的女子一见钟情。这段感情震惊了整个英国王室，为英国王室所不容。在爱情和王位之间，爱德华八世毅然为了爱情放弃王位，于 1936 年 12 月退位，并于1937年6月在法国迎娶了他的夫人，而英国王室无一人到场。温莎公爵和夫人在之后的日子里，虽然辗转欧洲很多城市，但是他们的爱情却始终坚定不移。这段引起王位动荡、在当时没有得到祝福的婚姻，却幸福地经受住了几十年的考验，在他们相识相爱的日子里，温莎公爵一直坚持用珠宝记录两个人的爱情，在各种纪念日中，为他的夫人送上记录他们爱情的珠宝。温莎公爵和夫人分别于 1972 年和 1984 年去世，在温莎公爵去世后的十多年间，公爵夫人每天靠读公爵留给她的情书生活。

典故：

温莎公爵在 1940 年送给辛普森夫人庆生的火烈鸟胸针，采用了奢华的彩色宝石镶嵌火烈鸟的羽毛，逼真形象、闪耀动人，记录彼此的誓言和爱意。这款火烈鸟彩色钻石胸针如今在拍卖场拍出了 1721250 英镑的高价，它记录了两人的伟大爱情，镌刻着“一个男人为爱一个女人能放弃所有的决心。”

英国两代王妃的传承
王妃典雅蓝宝石戒指

宝石主角：蓝宝石

相传蓝宝石是太阳神阿波罗的圣石，因为通透的深蓝色而得到“天国圣石”的美称。除红色外的其他各种颜色，包括无色、蓝色、黄色、绿色、褐色等都称为蓝宝石。印度克什米尔地区的蓝宝石，颜色蓝微带紫，呈矢车菊的蓝色，色鲜艳，明度大，有雾状的包裹体的具乳白色反光效应，是蓝宝石中的极品。

所有者：英国查尔斯（Charles）王储和戴安娜（Diana）王妃、威廉（William）王子和凯特·米德尔顿（Kate Middleton）王妃

两位王妃是本世纪最耀眼的女子，不仅仅是因为英国王室显赫的背景、举世瞩目的婚礼盛典，最重要的是她们优雅的姿态、高贵的气质、亲和的笑容、时尚的品位征服了全球。

1981 年 7 月 29 日，查尔斯和戴安娜在 3500 名来自世界各地的嘉宾的见证下，在伦敦圣保罗大教堂完婚。戴安娜在婚后获得了“威尔士王妃殿下”的头衔，她去世后，被英国人称为美丽的“英伦玫瑰”。

2011 年 4 月 29 日，威廉王子与凯特·米德尔顿的婚礼在伦敦的威斯敏斯特教堂举行。威廉和凯特在苏格兰圣安德鲁大学艺术史系同窗时相识。

典故：

1981 年，戴安娜与查尔斯订婚时，在王室珠宝商 Garrard of Mayfair 提供的珠宝中，唯独钟情这枚蓝宝石戒指。这枚戒指由 18K 铂金镶嵌，14 颗钻石围在中心 18 克拉的锡兰蓝宝石周围，犹如众星拱月，当时价值是 2.85 万英镑，现在这枚戒指的估价已经超过 25 万英镑（约合 264 万元人民币）。当时这种款式的钻戒并非王室专享，任何人只要有钱，都能从 Garrard of Mayfair 的专卖店购买到同款戒指。

蓝宝石是戴妃生前最喜爱的宝石之一，戴妃 1997 年车祸身亡后，当时分别只有 15 岁和 12 岁的王子兄弟来到戴妃故居肯辛顿宫，从母亲的遗物中各自挑选一件纪念品。2010 年 10 月 20 日，威廉带着凯特到非洲肯尼亚度假，在小木屋的阳台上，威

廉拿出这枚蓝宝石戒指向凯特求婚，“母亲已经不能陪在我们身边分享任何的喜悦，我用我的方式让她靠近我们，靠近这一切。”11月16日，英国王室正式公布了威廉王子和女友凯特订婚的消息，凯特佩戴当年戴安娜的蓝宝石订婚戒指出席新闻发布会。“我以自己的方式让我的母亲也不会错过这场婚礼。”威廉王子这样宣布：“妈妈是我生命中很特别的人，现在凯特也是。我想以这种方式把她俩连接到一起。”

之后，这颗蓝宝石的款式风靡全球珠宝卖场。有趣的是，中国浙江义乌的商人嗅觉灵敏，第一时间制作了用仿宝石代替蓝宝石的这款戒指，全球订单蜂拥而至，在英国的各大珠宝网站、商场卖场，这款戒指成为最畅销款式。

英国女王的钻石人生

库里南钻石

宝石主角：钻石

1905 年 1 月 25 日，南非有一个名叫威尔士的经理人员，偶尔看见矿场的地上半露出一块闪闪发光的东西，他用小刀将它挖出来一看，是一块巨大的宝石金刚石。它的重量换算成现在通用的公制克拉（1 克拉 = 200 毫克）为 3106 克拉，即 621.2 克，体积约为 5cm×6.5cm×10cm，相当于一个成年男子的拳头。它纯净透明，带有淡蓝色调，是最佳品级的宝石金刚石。一直到现在，它还是世界上发现的最大的宝石金刚石。

库里南不是一个完整的晶体，它只是一个大晶体的一部分碎块。库里南由于太大，当时没有人能买得起。后由南非的德兰士瓦地方当局用 15 万英镑收购，在 1907 年

12 月 9 日，为祝贺英王爱德华三世的生日而赠送给英国皇室。

1908 年初，库里南被送到当时琢磨钻石最权威的城市荷兰的阿姆斯特丹，交给约・阿斯查尔公司加工，加工费 8 万英镑。由于原石太大，需要事先按计划打碎成若干小块。打碎它是一件极其困难的工作，因为如果研究不够或技术欠佳，这块巨大的宝石就会被打碎成一堆没有什么价值的小碎片。库里南被劈开后，由三个熟练的工匠，每天工作 14 小时，琢磨了 8 个月。一共磨成了 9 粒大钻石和 96 粒小钻石。这 105 粒钻石总重量 1063.65 克拉，为库利南原重的 34.25%。九颗较大钻石分别是：库利南 1 号（530.2 克拉），非洲之星第 II（317.4 克拉），94.4、63.6、18.8、11.5、8.8、6.8 及 4.39 克拉。

所有者：英国女王

伊丽莎白二世（Her Majesty Queen Elizabeth II），英国君主，英国、英联邦及 15 个成员国国家元首，英国教会最高首领。她是英国温莎王朝第四代君主、英王乔治六世的长女，现年 86 岁，于 1952 年 2 月 6 日即位，是目前在位时间第二长的国家元首。2012 年 6 月 2 日至 5 日，英国隆重举办英女王钻禧庆典，纪念女王登基 60 周年。

典故：

作为大英帝国的公主，富丽堂皇的宫殿、精致奢华的装扮、名贵奢华的珠宝、良好的家庭教育、浪漫传奇的恋爱生活从一出生就注定和她相伴。

21 岁，她收到了南非政府赠送的镶有 21 颗钻石的项链。

1947 年，她与远房表兄、希腊和丹麦菲利普王完婚。王子亲自参与设计一条钻石手链送给她，手链上的钻石取自其母亲安德鲁王妃的王冠。祖母玛丽王后把“大不列颠及爱尔兰之女王冠”作为结婚礼物送给了她，这顶王冠是玛丽王后在 1893 年得到的结婚礼物。伊丽莎白女王非常喜爱这顶王冠，这顶王冠最常出现的地方就是英国钱币上。

25岁，她正式继位，佩戴着帝国王冠出席加冕仪式。帝国王冠是1838年为维多利亚女王打造的，但上面很多的单颗宝石都拥有更长的历史。一颗曾经镶嵌在忏悔者爱德华戒指上的蓝宝石有超过1000年的历史；上面的珍珠则来自著名的伊丽莎白女王一世。还有一颗压轴大钻：库里南2号，重317.4克拉，外观方形，磨有64个面，是世界上第二大的钻石。

象征英国皇室权利、地位的英国国王权杖上镶嵌着“库里南1号”钻石，重530.2克拉，为水滴形，琢磨了74个面。它也是现今世界上最大的钻石。

权贵的闪耀
俄国女皇叶卡捷琳娜皇冠红尖晶

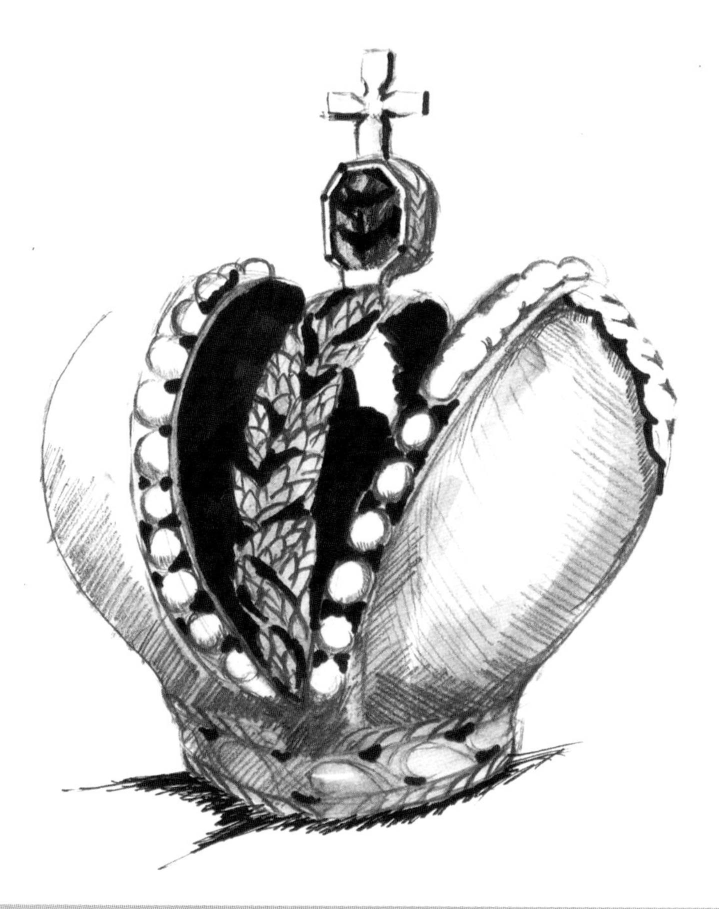

宝石主角：红色尖晶石

尖晶石名称源自希腊文，意思是“红色或橘黄色的天然晶体”。由于尖晶石的宝石品种通常为红色，人们又称其为：大红宝石、红晶宝石、红色尖晶石。大颗粒红宝石极为罕有，而大颗粒尖晶石相对易得，所以历史上人们有意无意中将尖晶石做了红宝石的替身。在我国清代，皇族封爵和一品大臣顶戴帽子上用的所谓红宝石顶子，几乎全是用红色尖晶石制成的。

所有者：俄国女皇叶卡捷琳娜

俄罗斯帝国女皇，德国人，却在俄罗斯的皇位上统治了 34 年，是世界上唯一一位被称做大帝的女皇帝，此前只有彼得一世被人们称为“彼得大帝”。这位俄国女皇，她对外两次同土耳其作战，三次参加瓜分波兰，把克里木汗国并入俄国，打通黑海出海口，她建立了人类历史上空前绝后的俄罗斯帝国。“假如我能够活到 200 岁，全欧洲都将匍匐在我的脚下！”她的政绩卓越，一生充满魄力，一段段令人目不暇接的情史更成为一代代史学家津津乐道的话题，她喜爱收藏名画、石雕、鼻烟壶、瓷器、金银珠宝、古董等艺术品，面对世间的罕有珍宝之时有一种“迷恋宝石雕刻的疾病”，是历史上有名的“收藏大帝”，用发自内心的热爱见证她无所不在的皇权威望。如果说每天换一件新衣服是每个女人的梦想，那么叶卡捷琳娜二世的梦想是用钻石装饰整个宫殿甚至自己身边的一切，她看到自己常用的一本 17 世纪的《圣经》银制的封面闪着如此平凡的光，就找来工匠给它镶嵌上 3017 颗钻石，《圣经》即刻光芒四射。女皇对钻石切割和镶嵌的工艺要求极高，俄国历史上最出色的钻石切割专家就是在叶卡捷琳娜二世时期出现的。

典故：

1762 年，叶卡捷琳娜二世为自己的加冕礼请来天才的宫廷珠宝匠波吉耶制作皇冠，流光溢彩的大皇冠上总共镶嵌了 2858 克拉重的 4836 颗钻石，其中装饰冠顶的是堪称世界上最大最漂亮的红色尖晶石，重约 398.72 克拉，被列为前苏联七大历史名钻之一。大皇冠的设计深受古代拜占庭帝国王冠的影响，它由两个半球组成，分别象征着东西罗马帝国，中部是一个橡叶状花环和橡树果，象征着沙皇帝国的神圣

权力。皇冠总重1907克，高27.5厘米，下部周长64厘米，是当时欧洲最贵重的物品。象征王权的权杖顶端上镶嵌着那颗被誉为世界第三大钻石的“奥尔洛夫钻”，它曾是古印度神庙中神像的眼睛，重约189.62克拉。

由于红色宝石镶嵌在皇冠上，很难用科学仪器进行检测，长期以来宝石专家都认为皇冠上的红色宝石是一颗红宝石，后来才发现原来是稀有的尖晶石。这个故事也成了宝石鉴定史上使用二色镜很快区分尖晶石和红宝石的经典案例。

还有一个传说，这颗美丽耀眼的红色尖晶石是从北京购买的，1676年根据阿里赫塞·米克亥罗维奇的命令，俄国特使尼古拉·斯帕菲尔来访中国，在北京用2672金卢布购买了这块尖晶石。

独一无二的曼妙色彩

泰坦尼克海洋之星

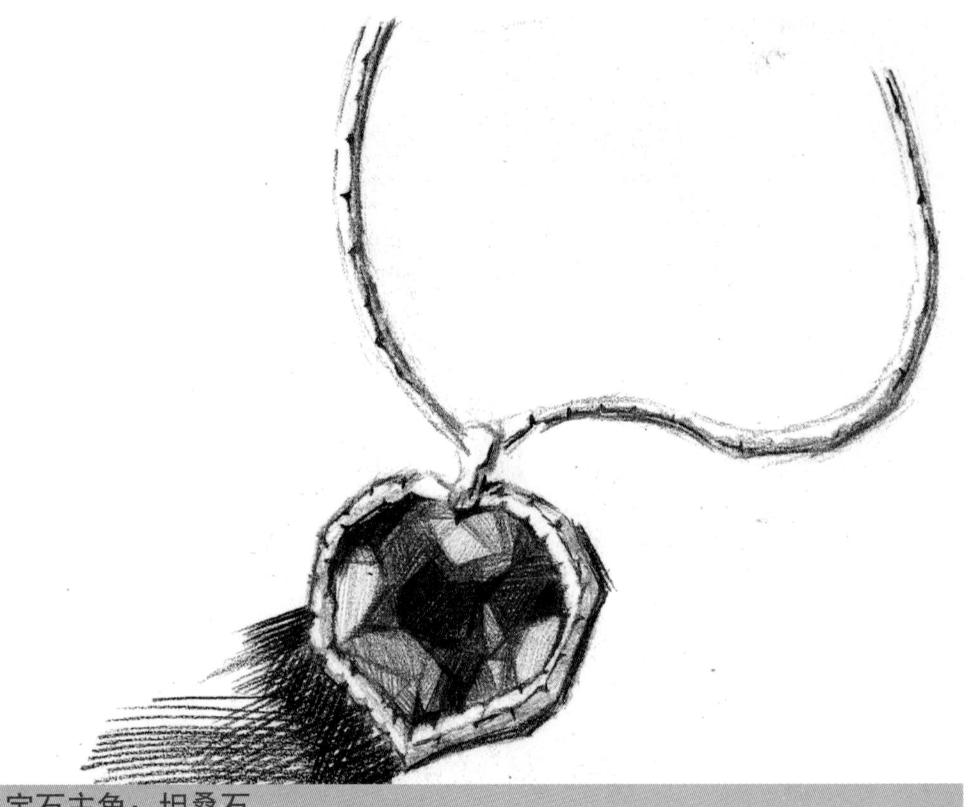

宝石主角：坦桑石

坦桑石在商业上俗称坦桑蓝，英文叫 Tanzanite，起源于全世界独一无二的坦桑蓝矿场——东非的坦桑尼亚。产自坦桑尼亚北部靠近阿鲁沙（ARusha）地区，世界著名旅游点乞力马扎罗山脚下一个名叫 Merelani 山的矿区。这种稀有的宝石呈湛蓝色，有的略偏紫，有华贵的蓝色、紫罗兰色、靛青色、淡紫色、玉黍螺色、深蓝色等很多品种，多色性明显，从不同方向观察有紫、绿、蓝三色变化，内部纯净、颗粒大，这清澈深邃的颜色深得人心，有人把浅色的坦桑蓝比喻成著名影星伊丽莎白·泰勒的眼睛。

谜一样的传奇身世

坦桑石形成大约585万年前，这一极富价值的宝藏一直隐藏在地球表面，直到40年前才被发现和认知。虽然坦桑石发现的确切经过仍然是一个谜，但是已经成为了马赛人口口相传的传奇。1967年的一天，一道闪电劈向大地，干燥的非洲草原上哪怕是一个火星都能立刻烧起燎原大火。这里没有消防队，野火在静静地烧，一名马赛游牧民在草原上放牧，他成为了上帝眷顾的幸运儿，他在地面发现了一些瑰丽的蓝紫色晶体，并认为这是由从天上来的“魔火”的神奇能量转化而成。起初它被认为是不寻常的充满活力的蓝宝石，但很快就被证实，它是一种比蓝宝石色彩更加深邃美丽、充满异国情调的新宝石。

所有者：英国皇室珠牌 Asprey & Garrard

Asprey 在它200多年的历史中，一直保持了英国人所有的那种严谨、保守的绅士风格。首饰设计风格——简洁、大方、严谨、保守，制作工艺超凡精良，从19世纪中叶起，Asprey的首饰就受到英国皇室的青睐。1862年，被维多利亚女皇授予皇室御用证。后来，威尔士王子（后来的爱德华七世）对Asprey也是青睐有加，再次授予Asprey皇室御用证。虽以首饰为主，但其覆盖面很广，包括手表、包包、围巾、杯杯盘盘等，甚至花瓶、烛台、像框。

典故：

电影《泰坦尼克号》中的“海洋之心”，是以现实中厄运之钻“希望”为原型的，现存于美国华盛顿“史密森博物馆”。在所有有色钻石中，这颗重45.52克拉、具有鲜艳深蓝色的钻石，有着迷雾一般的历史，充满着奇特和悲惨的经历，它总是给它的主人带来难以抗拒的噩运，过去它所有的主人都遭遇了不

幸，1912年泰坦尼克处女航，它就在这船上。直到美国著名的大珠宝商温斯顿将它作为礼物捐献给了国家，它再也不是炫耀豪华和财富，或增加个人娇美的装饰品了，而是成了科学研究的标本。

创下全球超高票房纪录的《泰坦尼克号》，那颗既是当时上流社会富裕生活写照，也是罗斯与杰克刻骨铭心爱情回忆的超大心型蓝宝"海洋之心"，在拍摄时，收藏的博物馆不愿出借这充满传奇色彩的蓝钻，因此剧组找来英国皇室珠宝品牌 Asprey & Garrard 为电影量身打造了一款用大粒坦桑石和钻石镶嵌的"海洋之心"项链，在剧中闪亮夺目。在国际拍卖会中以超过200万美金的金额卖出。之后意大利珠宝 DAMIANI 甚至以其为概念，推出"泰坦尼克号项链"，要价6800万元。

坦桑石也因此在珠宝界名声鹊起。

古老东方的宝石文化
慈禧太后西瓜碧玺

宝石主角：西瓜碧玺

碧玺又叫电气石，是宝石的一种，有时候也会呈集合体形式出现。碧玺的颜色很丰富，颜色以无色、玫瑰红色、粉红色、红色、蓝色、绿色、黄色、褐色和黑色为主，其中更以通透光泽的蔚蓝色、鲜玫瑰红色、墨水蓝色及粉红色加绿色的复色为上品。碧玺由于颜色鲜艳、多变而且透明度又高，自古以来深受人们的喜爱。古代中国就有“砒硒”“碧玺”“碧霞希”“碎邪金”等称呼，取其“辟邪”之寓意。有绿色和红色两种颜色，绿色在外围，红色在中心，就像西瓜一样，外面是绿色，里面的芯是红色的，就叫做西瓜碧玺。

所有者：清朝慈禧太后

慈禧太后是中国历史上很有名的女人，是 1861 年至 1908 年间清王朝的实际统治者。这位有名的“叶赫那拉氏”“老佛爷”是多少文学作品、影视作品里演绎的主角，这与她传奇的人生密不可分。她生于道光年间，咸丰二年 18 岁时被选秀入宫，赐号兰贵人，垂帘听政同治、光绪两朝，光绪帝死后，溥仪为帝，年号宣统，次日，慈禧因病而逝，享年七十四岁。

典故：

和历史上拥有权力或地位的女人一样，慈禧太后极爱珠宝。在颐和园里有一个珠宝房，金银、宝石、珍珠、玛瑙、翡翠，数也数不清。这些珍宝多数也在她去世后随着她进了她奢华的陵寝。在清末大太监李莲英的侄儿李成武所著的《爱月轩笔记》中，详尽地记述了慈禧殉葬宝物的名称及价值，各色珍宝品种数目繁多，做工巧夺天工，为后人惊叹。书中所述：“脚下置粉红碧玺莲花”，“脚下两边各放翡翠西瓜、甜瓜、白菜两棵，那翡翠西瓜为绿皮红瓤黑籽白丝；翡翠甜瓜一个是青皮白籽黄瓤，一个为白皮黄籽粉瓤”，前者之名是粉色碧玺，后者据现在学者考究，均认为是具有红、绿两色的碧玺。在清朝内务府簿册公开记载殓入慈禧棺中的珍宝，也记载了大量碧玺首饰：红碧玺朝珠、红碧玺手串、紫碧玺手串、红碧玺念珠、金镶红碧玺正珠、红碧玺抱头莲、绿玉镶红碧玺抱头莲、红碧玺绿玉穿珠菊花、红碧玺镏子、红碧玺帽花、红碧玺镶子母绿别子、红碧玺长寿佩、黄碧玺葡萄佩、红碧玺葫芦蝠佩、红碧玺双喜佩和红碧玺佛头塔等各种颜色、多种形状的饰品。

艳丽奔放的一抹红

伊莉莎白·泰勒的红宝石套件

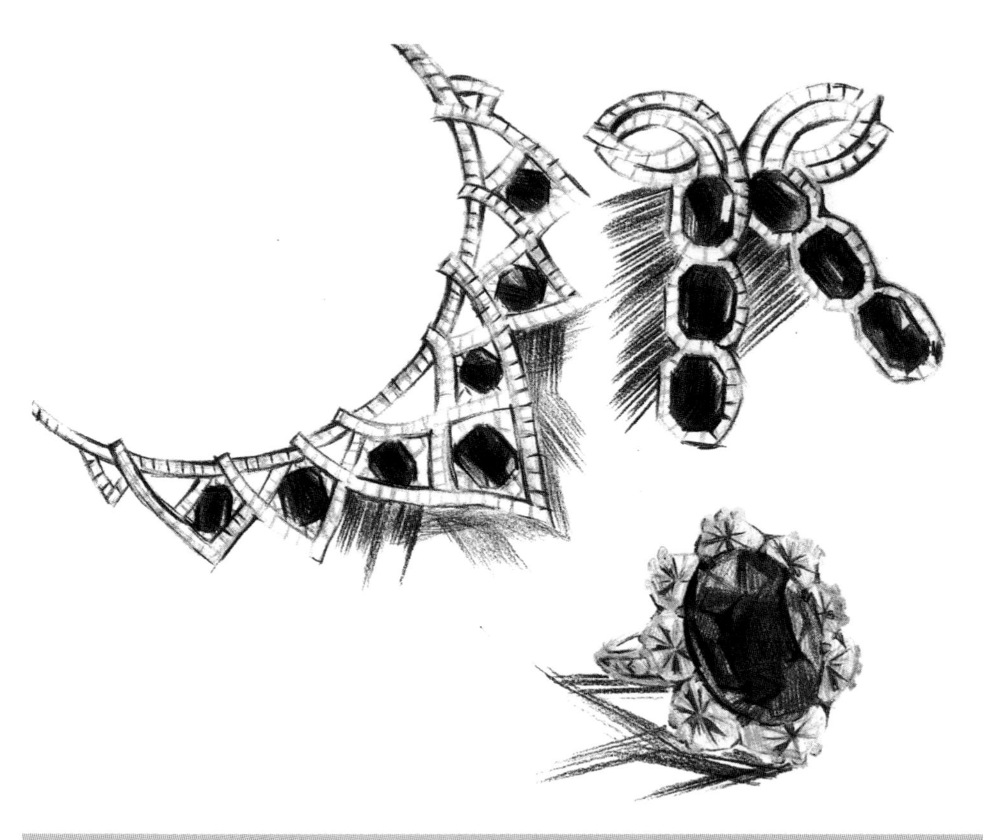

宝石主角：红宝石

颜色鲜红、美艳，是“红色宝石之冠”，深受东西方的喜爱。《圣经》中约伯说："智慧的价值超过红宝石。”我国数代皇后的凤冠上都嵌有大量的红宝石，与蓝宝石、翡翠等共同拼接出龙凤图案，清代官员的顶戴制度中则明确规定，亲王以下至一品大员的冠顶均采用红宝石。公元前 585 年修建的缅甸“瑞光大金塔”就镶嵌了 2317 颗红、蓝宝石。红宝石的红色之中，最具价值的是颜色最浓、被称为“鸽血红”的宝石，缅甸曼德勒市东北部的抹谷（Mogok）附近地区是优质红宝石的主要产区。

所有者：伊莉莎白·泰勒 （Elizabeth Taylor）

她被誉为是世界影坛上不可多得的瑰宝。纵横好莱坞 60 年，她被誉为玉婆，以一双漂亮的蓝紫色眼睛闻名于世。 她代表的是世界上至高的美丽、财富和成功，从 10 岁成为童星到 79 岁离开人世，历经八段婚姻，给人们留下的不仅是津津乐道的故事，还有一生与爱相随的瑰丽珠宝收藏。她的人生就是在珠宝带来的种种欢愉之中度过的，除了夺目的美丽和璀璨的的光芒，最令她感到幸福的是珠宝之中包含了每任丈夫对她的爱恋和娇宠。

她收藏了一些世界上最珍贵的珠宝，每个珠宝故事都是大家耳熟能详的。著名的 69 克拉、珍珠形状的“伯顿·卡地亚钻石”（常被人称作“伯顿·泰勒钻石”），33 克拉的“克鲁伯钻石”、温莎公爵夫人的钻石胸针、西班牙王子送给英格兰都铎王朝玛丽女王的订婚礼物“拉佩雷吉纳珍珠（La Peregina Pearl）”、曾属建造泰姬玛哈陵的莎迦罕国王的钻石项链、以及梵克雅宝（VanCleef&Arpels）8.24 克拉天然红宝石配钻石戒指、宝格丽 (Bvlgari) 祖母绿配钻石套装、卡地亚 (Cartier) 红宝石配钻石套装……

她在自传《伊莉莎白·泰勒：我的爱情故事与珠宝》中写道：“我想要与别人分享我的收藏，是为了让他们也获得一丝这些美丽造物曾带给我的喜悦与激动。我希望它们的风采与魔力能传递给他人，被爱着却不被占有，因为我们都不过是‘美’暂时的看管人。我也希望在将来，他人会以分享的方式好好照顾这些珠宝。”

典故：

这是著名的“游泳池红宝石”，泰勒的第三任丈夫——好莱坞著名制片人托德送给泰勒的众多珠宝中最特别的一组珠宝。1957 年 8 月，泰勒在法国圣让卡普菲拉别墅畅泳时，托德突然拿出三个卡地亚首饰盒，当中放着这套红宝石首饰。没有镜子在手的伊莉莎白以池水作镜，看到颈项、耳朵和手腕闪闪生光，她忆述道：“我高兴得大叫起来，抱着米高把他拉进泳池里。”这段甜蜜婚姻仅维持了 13 个月，托德便因飞机失事遇难。泰勒后来回忆：“他留给我的是爱，他教会了我真爱的意义。”“他是那么的慷慨，对我是如此的体贴入微，我能深深地感到被他保护着、爱着。”

蝴蝶泉边的灵动

LAN 澜珠宝复苏·蝶舞祖母绿饰品

宝石主角：祖母绿

祖母绿自古就是珍贵宝石之一。在古希腊，祖母绿被称为"绿色的石头"和"发光的石头"，把它作为献给希腊神话中爱和美的女神"维纳斯"的高贵珍宝，几千年前的古埃及和古希腊人也喜用祖母绿做首饰。中国人对祖母绿也十分喜爱，明、清两代帝王尤喜祖母绿，有“礼冠需猫睛、祖母绿”之说。祖母绿的颜色十分诱人，绿中带点黄，又似乎带点蓝，没有一种天然颜色令人的眼睛如此舒服。哥伦比亚木佐矿祖母绿被公认为世界上最好的祖母绿，云南的文山麻栗坡祖母绿被誉为“中国祖母绿”。

所有者：LAN 澜珠宝

喜欢她的《凭海临风》和《天下女人》，喜欢她的优雅自信和亲切笑容，很少有人如她这般，年过不惑，却成为知性、优雅的代名词。2009 年 6 月，源自东方的中国第一家高级定制珠宝品牌——LAN 珠宝首家品牌形象店 LAN FINE JEWELLERY 在北京开业。“LAN 珠宝”记录着这个东方典雅女人与美国流行天后席琳·迪翁的一段友谊，也传递着她心中对于珠宝与众不同的理解：“珠宝是女人献给自己的荣耀与爱”。

杨澜创立珠宝品牌源自一次高朋云集的国际艺术沙龙上的惊鸿一瞥，她的目光被一个身着白色羊绒外套的优雅女人吸引，那是一个六十多岁的美国女性，令人惊艳的是，她胸口别着的一枚翠蓝胸针，如此静谧却又触动人心。那是一位国家芭蕾舞团的艺术总监，听到杨澜的称赞，反问：“你是中国人你不知道吗？这是中国的首饰，叫翠羽！”典故里描述杨贵妃戴的翠翘金钿，就是用翠鸟羽毛和黄金粘贴的簪子，这种翠羽粘贴的首饰曾在民国时特别流行，街头小贩还有专门补翠羽的，只因材料稀缺，后来知道的人就越来越少了。那一刻，杨澜被中国饰品的美深深震撼，但一个美国人竟比一个中国人更了解中国女人曾经多么美过，她觉得那是中国珠宝文化的缺失，也是国人对中国珠宝艺术了解和欣赏的缺失，这种缺失感，让杨澜的心久久不能平静，她决心要做点什么了。

一次采访美国著名歌星席琳·迪翁，两人一见如故。交谈时，两人意外地发现，在对时尚的品位上，两人更是惊人地一致，都崇尚简洁典雅的风格，都喜欢收藏带有文化意味的珠宝。杨澜旅行到过 30 多个国家，最喜欢收集有当地文化特色和工艺特色的首饰，而席琳·迪翁则酷爱珠宝中复古的镶嵌方式。杨澜在博客上写道：“我们竟然是同年同月同日生，而且志趣相投，虽然我们都已经四十岁，但其实我们的人生才刚刚开始！我们希望共同创立一个中国的珠宝品牌！”白羊座的女人行动力是毋庸置疑的，想法一旦产生，就开始付诸实行。以博大精深的东方文化传统为底蕴，在细节中融入柔美、婉约、优雅的当代东方女性元素。通过运用精工微镶、背面镂空及手工花丝等全球顶级工艺，打造出具有东方优雅气质，同时又具备西方奢华珠宝底蕴的传世之作的“澜珠宝”诞生了。她是集合全球时尚珠宝文化和东方传统文化为一体的完美结晶。

杨澜给自己的定位是“文化创意指导”，提出一些文化理念性的东西，特别是东方韵味和西方时尚的结合，交给不同的设计师来设计。席琳·迪翁则偏重于在婚戒方面的创意指导，爱情几乎是她半生经历起伏所围绕的主题，席琳·迪翁对家庭的承诺和对爱的执著恰恰是婚戒所承载的内涵，没有人比她更能体会一枚婚钻所蕴涵的深意。

于是，“上善若水”“珠联璧合”“玉兰腾芳”“春回大地”“爱的波澜”“一片冰心”等多款美轮美奂的珠宝精品，以博大精深的东方文化传统为底蕴，在细节中融入柔媚、婉约、优雅的新东方女性元素，代表中国品牌出现在国际珠宝舞台上。英国王储查尔斯与夫人卡米拉欣喜于 LAN 珠宝的精美与优雅，于 2009 年 5 月收藏了 LAN 珠宝“珠联璧合”系列臻品。英国王室拥有着世界上最为尊贵的珠宝典藏，王室成员无不具有独到的珠宝鉴赏品位，此次获得查尔斯王子及其夫人卡米拉的垂青，彰显了 LAN 珠宝比肩世界顶级珠宝品牌的实力。

典故：

2012 年 8 月，LAN 珠宝复苏·蝶舞系列，将东方古老的翠绿与西方时尚镶嵌完美结合，世间最美的情感用最能表达爱和永恒的祖母绿、钻石以诠释，并赋予它最幸福美好的祈愿，将这份福祉情深的礼物献给世上所有为爱忠贞坚守的眷属，这是在这个时代对爱最纯洁的赞誉，更是祈愿相爱的人们在人生最美丽的阶段中幸福延续的信物。

“绿翠抚倾心，蝶弄美人颈。蝶舞凝山魂，花开想玉颜。”美丽的白族姑娘雯姑与年轻的樵夫霞郎相爱，挚爱感动天地，遂幻化成一对美丽的蝴蝶在潭边互相追逐，形影不离……于是，各种蝴蝶从四面八方向这对蝴蝶飞来，群蝶相聚，翩翩起舞，这里就被称为蝴蝶泉。姿态曼妙的蝴蝶，相互依偎、延续，中间坠着象征爱、幸福与生命的顶级祖母绿，晶翠碧绿宛若蝴蝶舞跃湖间，精工微镶的钻石蝴蝶渐次由小及大勾勒完美弧度。水滴与方形祖母绿交相辉映所散发出深邃的灼灼光辉，能够给予佩戴者幸福。

一代君王爱情的见证
泰姬陵建筑上镶嵌的月光石

宝石主角：月光石

月光石有着美丽的银色，朦胧的半透明感，映射出淡蓝色晕彩，仿佛3月雨后初晴朦胧的月色，吸取了月宫的精华，散发着柔和的光芒，仿佛月宫流落到人间的精灵。它的英文名字为MOONSTONE，它的美丽蓝色闪烁为中外各国人们喜爱。在宝石学中，这种幽蓝的光只在长石族宝石中出现，被称为“月光效应”，是由于正长石出溶有钠长石，钠长石在正长石晶体内定向分布，两种长石的层状晶体相互平行交生，折射率略有差异而出现的一种干涉色。

拥有者：泰姬・玛哈尔

她是印度莫卧儿王朝第 5 代皇帝沙・贾汗的皇后，这位来自波斯的女子，原名阿姬曼・芭奴，性情温柔，美丽聪慧，多才多艺。21 岁时与当时为贾汗吉尔国王的三王子库拉姆结婚，婚后与库拉姆行影相随，征战沙场。1628 年，库拉姆经过一场血战继承王位，给自己取名沙・贾汗，意为世界之王，封她为“泰姬・玛哈尔”，意为“宫廷的皇冠”。1631 年，她在跟随沙・贾汗南征时，因难产而死，当时年仅 39 岁，入宫 18 年，共为沙・贾汗生下 14 个子女。

典故：

泰姬・玛哈尔的死，令沙・贾汗伤心欲绝，他决定为宠妃建造一座全世界最美丽的陵墓，以表达他对宠妃的思念之情，下令宫廷为她致哀两年，禁止一切娱乐活动。一个悲痛的丈夫，动用了王室的特权，倾举国之力，耗无数钱财，用 22 年的时间为爱妻建造了这座纯白色大理石陵墓。它建在亚穆纳河下游，十分空旷，沙・贾汗可以从河上游的阿格拉城堡上远远地望见这座美丽的建筑。这座伊斯兰教建筑代表作由殿堂、钟楼、尖塔、水池构成，用来自中国的宝石、水晶和玉、绿宝石，巴格达和也门的玛瑙，斯里兰卡的宝石，阿拉伯的珊瑚，美丽的月光石镶嵌出色彩艳丽的藤蔓花朵，配以优美的书法，成为了世界八大奇迹之一。

沙・贾汗在泰姬陵建成不久便被儿子废除了王位，被囚禁在阿格拉城堡顶端，晚年靠每天远望泰姬陵度日，后来双目几乎失明，只能靠着一颗水晶的反射光来远眺自己最爱的泰姬陵，直至伤心忧郁而死。他死后，与皇后一起被葬在了泰姬陵。曾经辽阔疆域纵横驰骋的君王留不住枕边水样的温柔，如今永恒经典的建筑记录着这凄美的爱情故事。

云南旅游宝石名片

彩云之南，是个美丽、神奇、缤纷的地方，她有着响彻世界的“玉出云南”的名片，她有着丰富的宝石资源，她有着庞大的珠宝市场。不同的地域，有着不同的特色，闪烁着不同的光芒，宛如不同品种的彩色宝石。

昆明　多彩欧泊

古罗马自然科学家普林尼曾说：“在一块欧泊石上，你可以看到红宝石的火焰，紫水晶般的色斑，祖母绿般的绿海，五彩缤纷，浑然一体，美不胜收。”欧泊可出现各种体色，白色体色可称为白欧泊，黑、深灰、蓝、绿、棕色体色可称为黑欧泊，橙、橙红、红色体色可称为火欧泊。在体色之外，闪现由光的衍射造成的火焰般形象，被称为变彩。

欧泊的化学成分是 $SiO_2 \cdot nH_2O$，它是一种非晶质体，从宝玉石的概念上来说，它属于一种玉石，但是它以丰富、炫丽、变化丰富的色彩，常被归在彩色宝石范畴。

四季盛开的鲜花是昆明的气息，圆通山三月的樱花甜美，教场路上初夏的蓝花楹浪漫，云大深秋的银杏知性，植物园冬天的茶花含蓄，还有街道边随处可见的小花，明媚的阳光下，昆明是那样的色彩斑斓。

丰富多彩的景致是昆明的情怀，明艳姜黄的讲武堂诉说着历史，绿树碧水的翠湖轻语着小资，蓝天白云的西山吹拂着清新，白鸥飞翔的滇池散发着温暖，还有散落在各角落的美食，高原的清风下，昆明是那样的自在舒适。

大理　蔚蓝海蓝宝

颜色如同海水一样蔚蓝，闪烁如同海浪一样晶莹，纯净如水一样无瑕。海蓝宝石是天蓝、浅蓝绿、海绿色的绿柱石品种，它因为颜色明快、透明度极高、纯净无瑕、颗粒大，深受年轻人喜爱。

洱海边，农家院，蓝天白云阳光，石滩、老渔船、浪打湖边树，大理石桌、紫气东来白墙、娇艳明媚大理菊，甜嫩入味的酸辣鱼、碧波荡漾的海菜汤、乳白酥脆的乳扇，院满阳光，满屋宁静，暖、淡。

洱海风，星星夜，你我他，撒网、捕鱼、垂钓，懒觉、写生、发呆，登山、骑车环海、没入稻香，聊天、喝酒、畅谈人生，一枕海、水拍岸，涛，月，入眠。

面朝洱海，春暖花开，背靠苍山，海风轻抚。

丽江　浪漫紫晶

紫水晶是水晶家族里面最为高贵美丽的一员，被誉为能量、风水之石。无论是东方或西方，都将紫色视为象征最高身份的颜色，宝石中唯有紫水晶能发出这种高贵的紫色光芒，它神秘而浪漫，梦幻而高雅。

小河、清澈的雪山水，大红灯笼、古老的纳西宅子，一轮明月、光滑的石板桥，四方的游客、各种情调的酒吧，这就是古城晚上最热闹的地方——酒吧一条街。浓烈的古城氛围混合着浪漫放松的情调，置身其中开始微笑、陶醉、晕眩、迷离，情调、浪漫、暧昧、迷恋，一切美好的事情就此发生了，正如朦胧灯光下的一支葡萄酒，散发着爱情的浪漫，甜美、醇香、微醺，空气中弥漫着的除了暧昧还是暧昧，一场绝美艳遇的开始……

香格里拉　纯净钻石（金刚石）

“钻石恒久远，一颗永流传”，1993 年戴比尔斯公司进入中国市场，这句经典的广告词伴随着中国经济的发展，已经深入人心，结婚购买钻戒几乎是约定俗成的规矩了。10 的硬度寓意爱情的坚贞，纯净无瑕寓意爱情的完美，加上西方那么多皇室的爱情故事，这种舶来的浪漫奠定了中国消费者对钻石的感情和定位，使钻石在国内也成为永恒爱情的代表。

云南人都说丽江出去，过了虎跳峡就是中甸了，外面的人会问：“那香格里拉在哪里？”中甸、香格里拉，那个“消失的地平线”，是大家向往、神圣的地方。

花海、草原、蓝天、经幡，那一幅画卷上是红色的狼毒花、蔚蓝的纳帕海、纯净的普达措、巍峨的雪山、庄严的松赞林寺、威武的藏獒、高大英俊的康巴汉子、古城的转经筒、广场上的锅庄舞……神圣纯净的香格里拉正像是一颗高原钻石。钻石是达到宝石级的金刚石，它透明纯净、无坚不摧、坚实稳固。在钻石行当里，我们看见三个现象，一是钻石只有一种元素碳构成，在钻石分级中，颜色、净度很重要，人们追求透明无瑕，几乎没有颜色、几乎没有杂质的品质最高。二是钻石硬度为 10，是所有物质中最坚硬的，没有任何其他物质能磨得动它；但是可以利用钻石的解理和相对软硬面来劈钻、磨钻。三是在钻石切磨时，随着生石与磨轮的摩擦，很有可能钻石就会爆炸成为粉末。金刚在藏文里代表万能的潜能，我们在追求完全纯净事物的本质的时候，也会发现潜能有时是透明、隐形的，

充斥在我们周围却看不见；潜能有着无以伦比的坚硬，能切磨其他东西，包括自身；潜能往往能让人看到成功，但是发挥不好，也许会毁灭你已有的。钻石清澈透明，透明到几乎无法看见；我们周围事物的潜能亦同样难以见到。钻石无与伦比的坚硬性近乎绝对，而万物的潜能本质亦为绝对。

怒江　神秘碧玺

五颜六色、晶形完整、颗粒巨大、透明闪烁是碧玺的特征。相传，如果能够找到彩虹的落脚点，就能够找到永恒的幸福和财富，彩虹虽常有，却总也找不到它的起始点。直到1500年，一只葡萄牙勘探队在巴西发现一种宝石，居然闪耀着七彩霓光，像是彩虹从天上射向地心，沐浴在彩虹下的平凡石子拥有着世间各种色彩，被洗练得晶莹剔透。不是所有的石子都有如此幸运，这藏在彩虹落脚处的宝石，被后人称为“碧玺(Tourmaline)”，亦被誉为“落入人间的彩虹”。

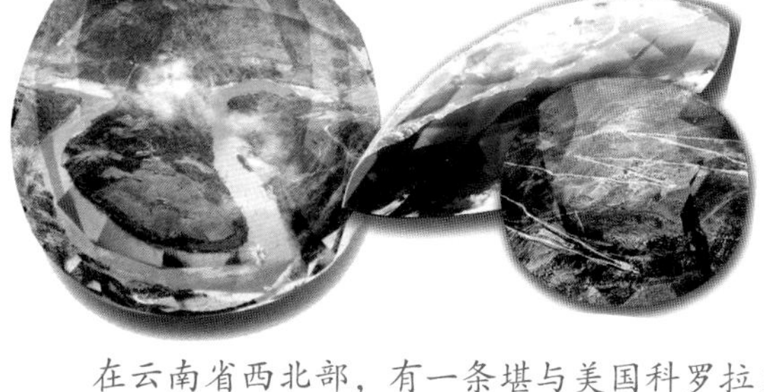

在云南省西北部，有一条堪与美国科罗拉多大峡谷相媲美的怒江大峡谷，被誉为东方大峡谷，这里有着怒江大拐弯，有着世外桃源丙中洛，有着神秘的独龙人。怒江六库，这是进入怒江峡谷的第一站，奔腾的怒江穿城而过，傍晚的霞光染红了横跨怒江的向阳桥；早市里面丰富多彩的商品是都市见不到的，蠕动的蜂蛹、红色的野山药、带着长尾巴的飞鼠、大山里生长出来的各种药材；怒江福贡，以盛产色泽纯正、质地洁净的绿碧玺闻名，这里雄奇险秀，民风淳朴，我们嚼着麂子干巴，胆颤地喝着械树油鸡汤，幸运的话你还能遇上撞在鱼钩上的江鱼，一个钩、一条虫、一根线，投入江中、压在石头下，鱼儿不知什么时候游过碧蓝的江水，也许就挂在了钩上，美味就这样被你遇上了，浓烈的包谷酒让大家微醺。

当然，我们来是为了顺怒江而来的宝石，这片土地上蕴藏着色彩斑斓，自然结晶的石头，这些在阳光下会折射出绚丽光芒的石头，虽然如今几近枯竭，但是它的神秘、美丽、珍贵吸引着国内外的游客蜂拥而至，探险寻宝、收购宝石、旅游观光。

西双版纳 翠绿沙弗莱石

沙弗莱石（Tsavorite）化学名称为钙铝榴石，是一种绿色含有铬或钒的钙铝石榴石，1967年苏格兰宝石学家坎贝尔布里奇斯的在坦桑尼亚东北部的Lelatema山Komolo村附近勘探时首次发现了这种绿色的宝石，它翠绿、明艳、透明、纯净。1974年，纽约著名的蒂芙尼珠宝公司将这种绿色钙铝榴石推向全美市场，并精心冠名为沙弗莱石，以唤起人们对肯尼亚沙弗自然保护区的视觉感受。虽然这个品种名仍未被国际矿物学联合会承认，但是在宝石交易中已经完全采纳了这个有灵性的名称，沙弗也因非洲食人狮而成名。把宝石的名字和非洲最大的国家野生动物公园联系起来的想法是一个非常聪明的商业行为，今天，沙弗莱石依旧是珠宝市场里“最狂野并最具原始气息”的宝石，成为除祖母绿以外全球市场中最受欢迎的绿色宝石，凭借自身的美丽和合理的宣传，它日渐获得珠宝商的认同和消费者的喜爱。

“有一个美丽的地方，那里彩云在飘荡”。神奇的西双版纳，扑面而来的是那醉人的暖风，映入眼帘的是秀丽的橄榄坝，宽广奔腾的澜沧江，发源于青藏高原唐古拉山，从西部横断山脉浩浩荡荡流入景洪段共有1612千米，从勐腊县关累口岸出境后称湄公河，全长4500千米，沿途风光美不胜收，流经缅甸、老挝、泰国、柬埔寨，于越南南部汇入南海。“月光啊下面的凤尾竹哟，轻柔啊美丽像绿色的雾哟”。观热带雨林，寻野象的踪影，涉澜沧碧水，登傣家竹楼，尝傣味美食，藤条交错的榕树，婀娜的小卜哨，金光闪闪的佛塔，甜糯的菠萝饭，敲起象脚鼓，跳起孔雀舞，拍下一张张美丽的照片，留下一串串彩色的记忆……

腾冲　金色晶黄宝

晶黄宝是对金黄色绿柱石的一个市场化称呼，近年来很流行。在西方国家，金色绿柱石的英文名是 Heliodor, 来源于希腊语“太阳”，显示这种宝石就像金色的阳光，普照大地、温暖人间。在中国，金色代表着收获、温暖，寓意着富贵、权利、成功，晶黄宝色彩浓黄鲜艳、金光灿烂，明亮清澈、晶莹剔透，光泽强、富丽堂皇，颗粒大、高贵典雅，深受东、西方人的喜爱。

在树树秋声、山山寒色的深秋里，有一个地方，你一定要去，那就是静谧梦幻的腾冲银杏村，村在林中、林在村中，树在家中、家在树下。清晨，阳光透过银杏那漂亮独特的叶子投下斑驳的光影，灿烂柔美；微风，黄叶在清新的空气里飘舞，厚厚铺满屋顶、墙头、小巷、田埂，还有几片钻落到灰黑的石头缝里。顺着村落小径而来，脚踩着落叶、松软的大地，古朴的村落、满眼的金黄，喝着土鸡炖银杏、浓香温暖，灵魂在浑然天成的古朴中自由飘逸，荡漾一树树灿若黄金的美丽。

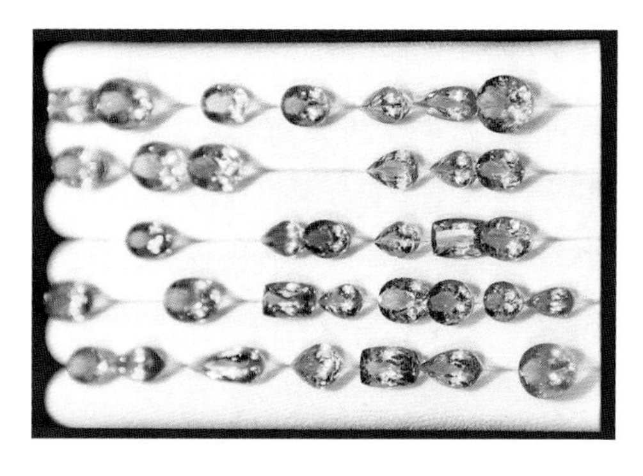

瑞丽 瑰丽红宝

红宝石是指颜色呈红色、粉红色的刚玉。红宝石质地坚硬，硬度仅在钻石之下，其颜色鲜红、美艳，光泽度强，瑰丽、华贵，比较稀少，是红色系列宝石之冠，也是五大名贵宝石之一。所以西方的古书中称红宝石是“上帝创造万物时所创造的十二种宝石中最珍贵的。”在我国清代，红宝石是一品官员的顶戴，在故宫博物馆里，我们可以看到很多镶有红宝石的凤冠、簪子。

我国毗邻缅甸、泰国、越南、老挝，云南的元江也盛产红宝石，云南人自古受珠宝文化的熏陶，喜欢红宝石，不少人都买有质量较好的缅甸红宝石，镶嵌成戒指、耳钉、手链。还有一种特别漂亮的雕刻作品也深受人们喜爱，就是“二色石”，它是红色刚玉和绿色黝帘石伴生在一起，红色娇艳、光泽强，绿色浓翠、晶莹，块度较大，用现代精美玉雕工艺展现，惟妙惟肖。

也许，你知道的瑞丽是一本杂志，时尚、小资。在珠宝界，你知道的瑞丽是一个边陲小镇，淘宝、惊喜。瑞丽，傣语“雾城”之意，祥瑞美丽，她是中国大西南通向东南亚、南亚的金大门，三面与缅甸山水相连，村寨相望，拥有瑞丽、畹町两个国家级口岸，毗邻缅甸国家级口岸城市木姐，一桥两国、一街两国、一寨两国、一院两国、一岛两国，她似乎和缅甸只有国别的不同。

满街的缅桂花清香，一路的象脚树，要起个大早去姐告的早市，淘宝之旅在晨曦的薄雾中开启。肤色黝黑微胖的是缅甸籍老板，肤色黝黑、眼眶深凹、睫毛长长的是斯里兰卡籍老板，他们嚼着红红的槟榔、操着纯正的云南话，喊着：大姐，来看看嘛。小摊上，各色的珠宝玉石，开个小窗的毛料、未抛光的小雕件、闪闪的戒面、一堆堆的手镯，眼花缭乱，也许就在哪个角落，一个物件吸引住了你，驻足、拿起、研究、把玩、讨价、还价、欲走、回头、再看、又谈……太阳不知不觉地升起，阳光下静静欣赏着新得来的宝物，真是越看越喜欢，一日的好心情从此处散开。坐在早点摊，丰富的早点正好符合你愉快的心情和大好的胃口，一杯缅式奶茶、一份香蕉甩手粑粑、一碗牛肉米线。

停了，还有珠宝街、还有华丰市场，还有泡鲁达、还有烤肉。瑞丽，全国的珠宝集散地，在祖国的边陲如红宝般吸引着你的淘宝之心，自己去看吧。

Chapter 2 乱花渐欲迷人眼 彩色宝石赏析

Appreciation Of Colored Gemstone

- 五大名贵宝石
- 潮流宝石
- 其他彩宝

世界上3000多种矿物，只有大概200多种可以作为珠宝，它们需要满足“美丽、稀少、耐久”的三大特性。这些珠宝中，最名贵的有五种宝石：钻石、红宝石、蓝宝石、祖母绿、金绿宝石。随着人们对彩色宝石的认知和喜爱，坦桑石、碧玺、葡萄石、尖晶石、绿柱石、海蓝宝石、摩根石、晶黄宝、各色水晶成了当下流行的宝石。还有石榴石、橄榄石、欧泊、红纹石、玉髓等宝玉石品种，也以其鲜艳的色彩受到了市场的追捧。

五大名贵宝石

钻石　Diamond

“钻石恒久远，一颗永流传”，戴比尔斯（De Beers）在中国的经典广告词是结婚买婚戒最普通的理由。钻石，是爱情的象征，它坚贞、璀璨、纯洁，它还是4月的生辰石、结婚60周年的纪念石。

颜色：可分为无色系列和彩色系列。

无色系列：无色—浅黄（褐、灰）色，在国际上，常用 4C 分级中的颜色分级指标来衡量。中国的国家标准规定，颜色级别从高到低分别是 D、E、F、G、H、I、J、K、L、M、N、<N 十二个级别，对应 100、99……91、90、<90 数字级别，D 色是最白的，<N 就是黄（褐、灰）色了。这一指标，需要专业的鉴定分级师在规定的检测环境（无阳光直射，白、灰色调室内环境）、标准分级灯下（色温 5500~7200K），用比色石按照比色操作方法进行对比，确定出准确的级别来。我们在市场上常见的是 I–J 色，这个级别是微黄白（褐、灰）色；H 色是白色；从 K–L 色开始，一般对颜色敏感的、并未受过颜色分级训练的人，用肉眼就能看出钻石显微黄色调了。

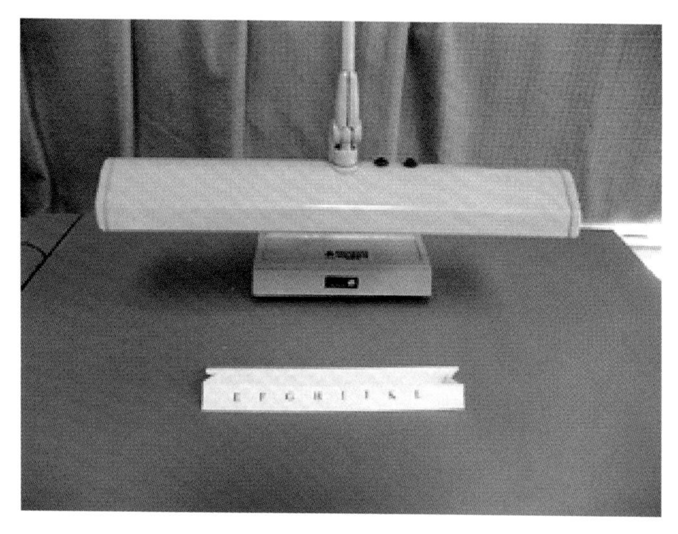

比色灯、比色卡、比色石

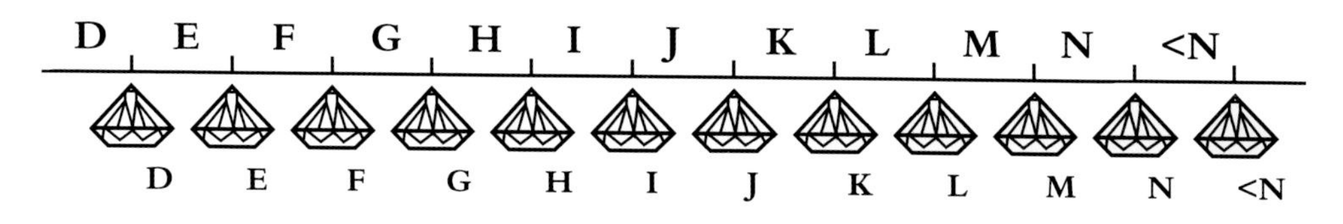

比色石在色级中的位置（位于色级下限）

彩色系列：包括黄色、褐色、粉红色、蓝色、绿色、紫罗兰色、黑色等。颜色艳丽的彩钻极为罕见，是宝石界的珍品，通常见到的彩钻颜色都发暗。

各色彩色钻石

荧光分级：在颜色分级之后，一般还会进行荧光分级，将钻石置于荧光灯（波长为 365nm 的长波紫外光）暗箱中，看钻石发出的可见光的强弱程度，与荧光强度比色石进行对比。按照中国的分级标准，根据发光强弱，分为强、中、弱、无 4 个级别；GIA 一般分为 None(没有)，Faint(微弱)，Medium（中度），strong（强烈），very strong(很强)5 个级别。一般有荧光的钻石价格比没荧光的要高。

化学成分：只有一种碳元素 C，N、B 等微量元素决定了钻石的类型、颜色及物理性质。

有趣的现象

钻石的化学成分和我们常见的铅笔石墨是一样的，都是碳。但是一个坚硬无比，一个用小刀就能消磨，是为什么呢？原因是它们碳原子的结构不同，钻石的微观世界里，C 原子之间呈网状立体结构，石墨呈片网状结构。

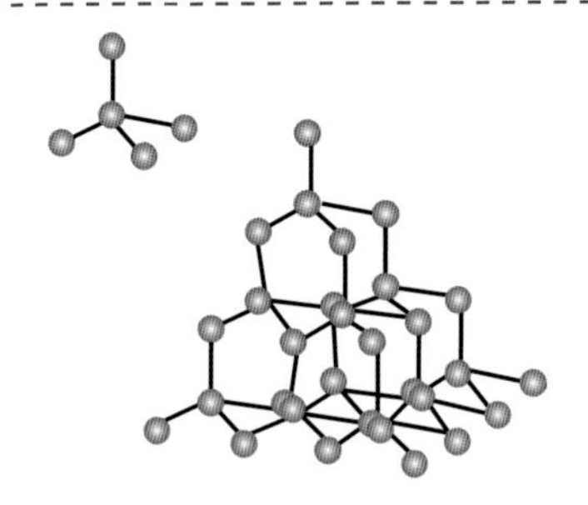

钻石晶体呈网状立体结构

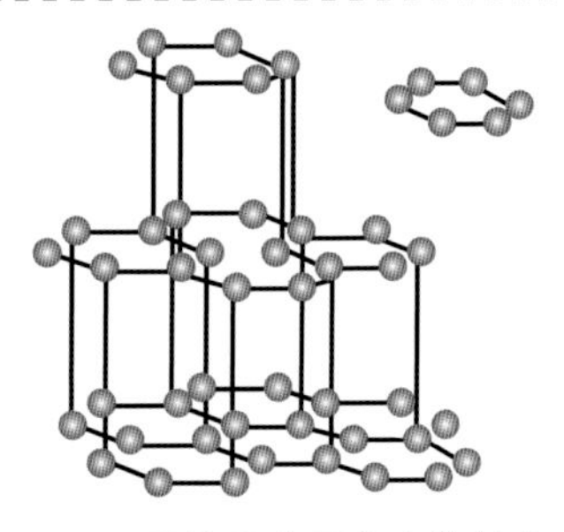

石墨晶体呈片网状立体结构

裸钻与钻石毛坯

硬度：10

它是世界上最坚硬的物质，比硬度为 9 的红宝石、蓝宝石硬很多。在摩氏硬度里，10 级和 9 级只是代表顺序级，10 级和 9 级的极差是最大的，10 级的钻石是 9 级的红宝石、蓝宝石硬度的 150 倍，是 7 级水晶的 1000 倍。

那这么坚硬的物质又用什么东西来切磨呢？在钻石加工中，是利用钻石天然方向的解理（解理是指宝石晶体在外力的作用下，沿一定的结晶学方向裂开成光滑平面的性质）去劈钻，用钻石较硬的方向去磨较软的方向。

密度：3.51 ~ 3.53 g/cm^3，密度变化不大，是常值。

它比水晶重（2.65），和托帕石一样重，比水钻（合成立方氧化锆）轻（5.80）。

购买钻石时，常用的计量单位是克拉、分。钻石的重量用 g 表示时，一般保留到小数点后 4 位；用克拉表示时，一般保留到小数点后 2 位，第 3 位逢 9 进 1。1 克拉（ct）=0.2 克（g）=100 分。我们常说的半克拉，就是指 0.5 克拉、50 分。一般一颗 1 克拉的标准切割的圆钻，它的直径是 0.65 厘米。如果是镶嵌好的钻石饰品，我们可以在戒指的指圈内侧、吊坠的背面位置，找到印记标识，注明钻石的重量，如：D050ct，d023ct，就代表主石是 0.5 克拉，配石是 0.23 克拉。

0.40ct	0.50ct	0.80ct	0.90ct	1.00ct	1.25ct
4.8mm	5.1mm	6.0mm	6.2mm	6.5mm	7.0mm
1.49ct	1.74ct	2.00ct	3.00ct	4.00ct	5.00ct
7.4mm	7.8mm	8.2mm	9.3mm	10.2mm	11.1mm

不同重量的标准圆钻直径

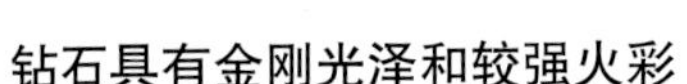

钻石具有金刚光泽和较强火彩

水钻（CCZ）具有更强的火彩

折射率：2.417

钻石折射率是天然无色宝石中最高的，所以抛光好的钻石有很强的光泽（金刚光泽）和亮度。

钻石还有一个重要的指标，就是火彩（色散值）的具体表现。钻石的色散值为 0.044，是天然无色宝石中最高的，所以抛光好的钻石璀璨和闪烁。但是很多人工合成的仿钻石的色散值也很高，如：合成立方氧化锆（俗称水钻、CCZ）是 0.060、合成碳硅石（俗称莫桑石）是 0.104。

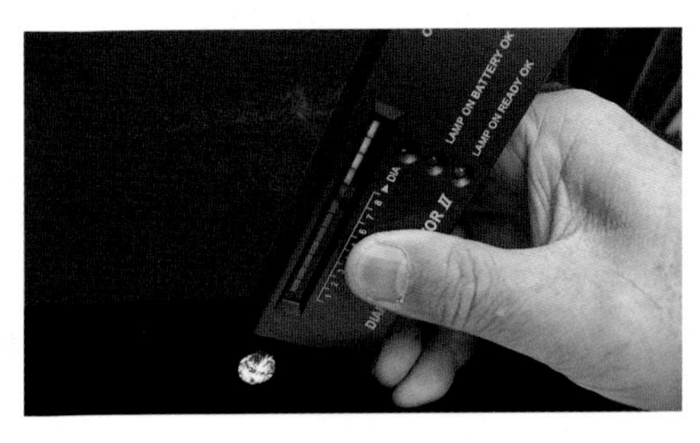

用热导仪测试钻石热导性

热导性：钻石有较好的导热性，超过了金属。用热导仪测试，可以很快地区分钻石及仿制品。使用热导仪时注意预热、垂直测试、避免接触钻石的金属托架等规范操作，显示灯迅速升高并发出鸣叫为钻石或者合成碳硅石，其他仿钻石饰品都不会鸣叫。合成碳硅石在热导仪下也会鸣叫，可以根据放大检查，发现线状包体及刻面棱重影等特征再进一步区分。

净度：钻石的内、外部特征的位置、大小、数量、可见度决定了钻石的净度，直接影响钻石的美观度、耐久度和价值。

我们用 10 倍放大镜进行钻石净度分级，分为 LC（Loupe clean，镜下无瑕级，细分为 FL、IF）、VVS（Very very slightly included，极微瑕级，细分为 VVS_1、VVS_2）、VS（Very slightly included，微瑕级，细分为 VS_1、VS_2）、SI（slightly included，瑕级，细分为 SI_1、SI_2）、P（Pique，重瑕疵级，细分为 P_1、P_2、P_3）5 个大级别 11 个小级别。

内部特征有矿物包体、云状物、点状包体、羽状纹、内部生长纹、内凹原始晶面、空洞、坡口、击痕、激光痕、须状腰等，外部特征有原始晶面、表面纹理、刮伤、抛光纹、烧痕、额外刻面、棱线磨损、缺口等。裸钻分级一般要求绘制“净度素描图”，用特定形状和颜色的符号将钻石的内外部特征具体标注出来。

切工：人们通过精确的计算、精良的切割，充分展示钻石的亮度、火彩、光泽。市场上常见的钻石分圆钻型和花式琢型。

圆钻型有标准圆钻型（57~58 个切面），其中以八箭八心（丘比特）切工比较流行。谢瑞麟 Estrella 系列有 100 个刻面，ENZO 推出 88 个刻面的钻石系列，有的品牌还有 81 个刻面的梅花钻。

丘比特切工（八箭八心）

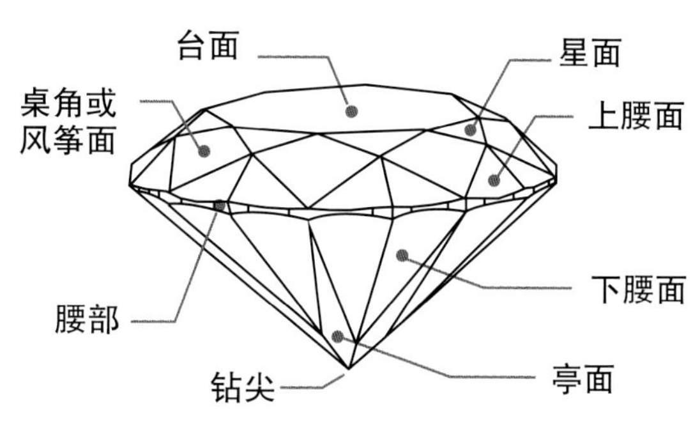

标准圆钻型各种刻面名称

花式琢型常有：圆形祖母绿形、椭圆形、梨形、公主方形、枕形、心形、卵形、马眼形等。

钻石的切工分级是从比率（Proportion）和修饰度（Finish）两个方面对钻石加工工艺的完美性进行分级。比率是各部分相对于平均直径的百分比，有台宽比、冠高比、腰厚比、亭深比、底尖比、全身比、冠角、亭角等指标，一般采取 10 倍放大镜目估法、微尺或比率镜测量法测量。修饰度是指对抛磨工艺的评价，分为对称性

（Symmetry）评价和抛光（Polish）评价。比率、对称性、抛光 3 个级别分为极好（Excellent，简写为 EX）、很好（Very Good，简写为 VG）、好（Good，简写为 G）、一般（Fair，简写为 F），差（Poor，简写为 P）5 个级别。

购买注意：

好坏要素：根据我国国家标准《钻石分级》（GB/T16554-2010），对钻石颜色 (Color)、净度 (Clarity)、切工 (Cut)、重量 (Carat) 进行 4C 分级，以评价钻石的质量等级。美国纽约 Rapaport 国际钻石报价表是目前钻石批发贸易中较为常用的参考数据，以钻石 4C 分级指标进行价格对照。在购买时，向商家索要合法检验机构的检验证书，是消费者的权利、商家的义务。

彩色钻石的价格受颜色色彩艳丽、稀有、偏好、天然性等因素影响，价格高低的通常顺序为红、蓝、粉红、绿、黄、棕等，在 GIA 分级标准中以艳彩（Vivid）最受欢迎。色彩艳丽、亮度明亮、饱和度高、重量大的彩色钻石一般出现在国际拍卖市场上，市场上仅能见到粉红、黄色的彩钻，或者颜色不纯正的其他颜色。

常见作假：钻石常见的优化处理方法有，为改善净度的激光钻孔、充填，为改善颜色的辐照、高温高压、覆膜处理。如果进行了以上的处理，都要求商家进行标注，所以如果你在购买钻石时，标签、证书上注明“品名：钻石（处理）”就是指经过了以上的处理方式，已经不是天然的了。近年来，合成钻石已经在市场上有出现，只有专业的检测部门利用大型仪器才能鉴定出来。

保养注意：

亲油斥水性：钻石对油脂有明显的亲和力，所以钻石佩戴一段时间就会沾上油污，感觉不亮了，就需要进行清洗，最简易的就是用酒精擦洗。钻石的斥水性表现在，水在钻石表面呈水珠状，不能形成水膜。

脆性：钻石硬，但是解理发育，性脆、受打击容易破碎，一定要小心不要碰撞它。

可燃性：钻石在绝氧条件下加热到 1800℃以上时，将缓慢转变为石墨，在氧气中加热到 650℃将开始慢慢燃烧并转变为二氧化碳气体。当切磨钻石和镶嵌钻石时，需要小心，避免灼伤钻石，所以如果你想把自己的钻石饰品进行改款或维修时，一定要到专业的镶嵌工厂。

产地：非洲（南非、安哥拉、扎伊尔、博茨瓦纳、纳米比亚）、俄罗斯、澳大利亚、加拿大、中国辽宁、湖南。

红宝石　Ruby

艳丽的红宝石被誉为“爱情之石”，象征着火热的爱情、浪漫的激情、璀璨的生活，是7月的生辰石，结婚40周年纪念石。世界上颜色品质最好的红宝石是“鸽血红”色，是一种颜色饱和度较高的纯正红色。

颜色：包括红色、橙红、紫红、褐红。

化学成分：Al_2O_3；含有 Cr 元素。

硬度：9

密度：3.95~4.10 g/cm^3

折射率：1.762~1.770（+0.009, −0.005）

购买注意：

质量要素：颜色，包括颜色色调的纯正（以纯红色最佳）、颜色内反射色的鲜艳（色鲜艳、与主色调搭配协调为佳）、颜色均匀程度，多色性的明显程度（从垂直台面观察，无明显多色性）。净度，内部包裹体、瑕疵、色带的大小、数量、位置、对比度对宝石透明度、耐久性的影响程度。切工，需考虑琢型、比例、对称性、修饰度。有特殊光学效应的为稀有品种，如有星光红宝、红宝石猫眼等。

常见作假：红宝石常见的优化处理方法有，为改善颜色的热处理，这种方式较为普遍、处理后稳定性较好、已经被人们认同，行业里一般称为“烧宝”，所以不必专门标注出来；为增加颜色鲜艳度的浸有色油、染色，为增加透明度进行的充填，为增色或产生星光效应的扩散，都属于处理方式，在销售、鉴定中需要明示消费者。市场上，消费者最容易买到的是颜色鲜艳、颗粒大、透明度好、价格便宜的合成红宝石、玻璃充填红宝石。

产地：缅甸（著名的有“鸽血红”红宝石、孟苏 Mong Hsu 红宝）、泰国、斯里兰卡、越南、坦桑尼亚（也叫非洲红宝）、中国（元江红宝）。

蓝宝石 Sapphire

蓝宝石是9月的生辰石，结婚45周年纪念石。古波斯人认为天空蔚蓝的色彩是蓝宝石反射天空造成的，蓝宝石是忠诚、德高望重的化身。蓝宝石中的极品是产自印度喀什米尔地区的“矢车菊蓝”，是一种朦胧的略带紫色色调的浓重蓝色，给人以天鹅绒般的外观。还有帕德玛（Padparadscha）蓝宝石，它来源于梵语莲花（Padmaraga），以前专指产自斯里兰卡的具有柔和粉橙色的蓝宝石，现在也包括越南等地产的具有高品质亮度和饱和度的粉橙色蓝宝石。

颜色：除去红宝石以外的颜色，包括蓝、蓝绿、绿、黄、橙、粉、紫、灰、黑、无色。

化学成分：Al_2O_3; 可含 Fe、Ti、Cr、V、Mn 等元素。

硬度：9

密度：3.95~4.10g/cm^3

折射率：1.762~1.770（+0.009，-0.005）

购买注意：

质量要素：颜色，包括颜色色调的纯正（以中等明度、颜色为纯蓝色最佳）、颜色内反射色的鲜艳（色鲜艳、与主色调搭配协调为佳）、颜色均匀程度，多色性的明显程度（从垂直台面观察，无明显多色性）。净度，内部包裹体、瑕疵、色带的大小、数量、位置、对比度对宝石透明度、耐久性的影响程度。切工，需考虑琢型、比例、对称性、修饰度。特殊光学效应的稀有品种，如有星光效应、猫眼效应、变色效应的各色蓝宝石。

各色蓝宝石戒面

常见作假：蓝宝石常见的优化处理方法有，为改善颜色的热处理，这种方式较为普遍、处理后稳定性较好、已经被人们认同，行业里一般称为“烧宝”，泰国热处理蓝宝石的技术世界一流；为增色或产生星光效应的扩散，为改变颜色的辐照处理，都属于处理方式，在销售、鉴定中需要明示消费者。市场上，消费者最容易买到的是颜色鲜艳、颗粒大、透明度好、价格便宜的合成蓝宝石。

产地：缅甸、泰国、斯里兰卡（锡兰）、柬埔寨（拜林蓝宝）、印度（喀什米尔“矢车菊”蓝宝）、澳大利亚、美国（蒙大拿州）、中国（山东蓝宝）

祖母绿　Emerald

祖母绿是5月的生辰石，结婚55周年纪念石。它浓翠艳丽，让人赏心悦目。西方对祖母绿的热爱和东方对翡翠的狂热是一样的，因为绿色是最贴近大自然的色彩，代表着春天来临，充满生机、活力。世界上最优质的祖母绿产自哥伦比亚，颜色鲜艳均匀、透明度高、少裂。中国云南的祖母绿颜色鲜艳、晶形完整，但透明度差、裂多，很多被作为矿物晶簇标本收集，被称为“中国祖母绿”。哥伦比亚姆佐、契沃尔矿区会出现一种特殊的品种，在绿色祖母绿里有暗色核和放射状臂，被称为达碧兹（Trapiche）。祖母绿还有猫眼效应、星光效应的品种。

颜色：祖母绿是含 Cr 的翠绿色绿柱石品种，有的略带黄或蓝色调，颜色柔和而鲜亮、有丝绢质感。

化学成分：$Be_3Al_2(Si_2O_6)_3$；可含有 Cr、Fe、Ti、V 等元素。

硬度：7.5~8

密度：2.67~2.90g/cm^3，常为 2.72g/cm^3

折射率：1.577~1.583（±0.017）

购买注意：

质量要素：颜色，包括绿色的纯正鲜艳度、颜色均匀程度。净度，内部包裹体、瑕疵、色带的大小、数量、位置、对比度对宝石透明度、耐久性的影响程度。切工，需考虑琢型、比例、对称性、修饰度。

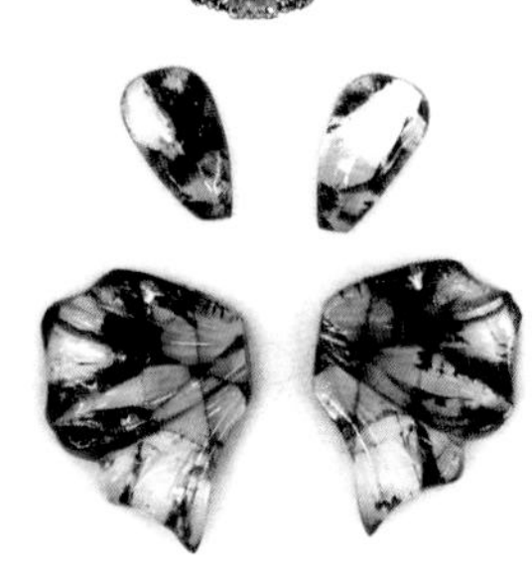

达碧兹蝴蝶

常见作假：祖母绿常见的优化处理方法有，为改善外观浸无色油，这种方式较为普遍、处理后稳定性较好、已经被人们认同，所以不必专门标注出来。但是，如果浸的是有色油，为增加颜色鲜艳度的，就属于处理；还有为了改善颜色、耐久性、用聚合物充填，也属于处理方式，在销售、鉴定中需要明示消费者。市场上，消费者最容易买到的是颜色鲜艳、颗粒大、透明度好、价格便宜的合成祖母绿、浸有色油祖母绿。

云南祖母绿

保养：祖母绿属于内部包裹体较多的宝石，纯净的较少，内部基本都有杂质或裂隙，尽量避免敲击、超声波清洗，镶嵌、修理时，一定要到专业的镶嵌工厂。

产地：哥伦比亚（姆佐 Muzo、契沃尔 Chivor）、巴西、津巴布韦、坦桑尼亚、俄罗斯、澳大利亚、南非、印度、巴基斯坦、赞比亚、尼日利亚、马达加斯加、奥地利、挪威、加拿大、中国（云南、新疆）。

金绿宝石　Chrysoberyl

黄绿、金绿色的金绿宝石因为其具有不同的美丽、奇特光学效应，形成透明金绿宝石、猫眼、变石、变石猫眼、星光金绿宝石五大品种，深受人们的喜爱。金绿宝石色彩明快、透明。猫眼明亮灵活，在两个光源下，随着宝石的转动，眼线出现张开和闭合的现象；而在聚光光源下，向光的一面呈现其体色，另一侧呈现乳白色。是大自然宝石中猫眼现象最明显、漂亮的一种，所以只有金绿宝石猫眼无须标明矿物品种，直接用“猫眼”命名，其他具有猫眼效应的宝石只能和自身宝石品种名称组合称呼，如：“石英猫眼”“矽线石猫眼”。产自于俄罗斯乌拉尔山脉的变石，于 1830 年俄国沙皇亚历山大二世生日那天发现，被命名为“亚历山大石”，它在日光或日光灯下呈现绿色色调为主的颜色，在白炽灯或烛光下呈现红色色调为主的颜色，被誉为“白昼里的祖母绿、黑夜里的红宝石”，十分的稀少。还有 2 种比较稀少的品种：一是具有变石效应、又具有猫眼效应的变石猫眼，二是具有 2 组平行包体（一组为金红石针包体、一组为气液包体）的星光金绿宝石。

化学成分： $BeAl_2O_4$；可含有 Fe、Cr、Ti 等元素。

硬度： 8~8.5

密度： 3.71~3.75 g/cm^3

折射率： 1.746~1.755（+0.004，−0.006）

购买注意：

质量要素： 金绿宝石主要看颜色、透明度、净度、切工。猫眼的好坏主要决定于颜色（按蜜黄色－深黄－深绿－黄绿－褐绿－黄绿－褐色递减）、透明度、眼线（光带居中、平直、灵活、锐利、完整、对比明显、乳白蜜黄效果）、重量、切工等因素。变石要求变色明显、颜色鲜艳，白天最好是翠绿、绿、淡绿，晚上依次是红、紫、淡粉。

常见作假： 现在发现有为改善光线和颜色的辐照处理猫眼，和变石很像的合成变色蓝宝石，实验室里合成的合成金绿宝石。

产地： 俄罗斯乌拉尔山脉、斯里兰卡、巴西、缅甸、津巴布韦。

潮流宝石

坦桑石（黝帘石）Tanzanite (Zoisite)

1967年，在坦桑尼亚世界著名旅游点乞力马扎罗山脚下发现了这种漂亮、透明的蓝紫色晶体，它属于绿帘石族的黝帘石。为纪念当时新成立的坦桑尼亚联合共和国，它被命名为坦桑蓝（Tanzanite），在国外也有人称它为丹泉石。

颜色：主色调为蓝色、紫色，还带有浅粉红、绿、黄、褐、灰等色调。

化学成分：$Ca_2Al_3(SiO_4)_3(OH)$；可含有 V、Cr、Mn 等元素。

硬度：6~7

密度：3.10~3.45 g/cm^3

折射率：1.691 ~ 1.700 （ ±0.005 ）

产地：坦桑尼亚是世界宝石级坦桑蓝的主要出产国，产自于里阿鲁沙（ARusha）地区的梅勒拉 Merelani 山矿区。宝石级黝帘石在美国、墨西哥、格陵兰、奥地利、瑞士也有产出。

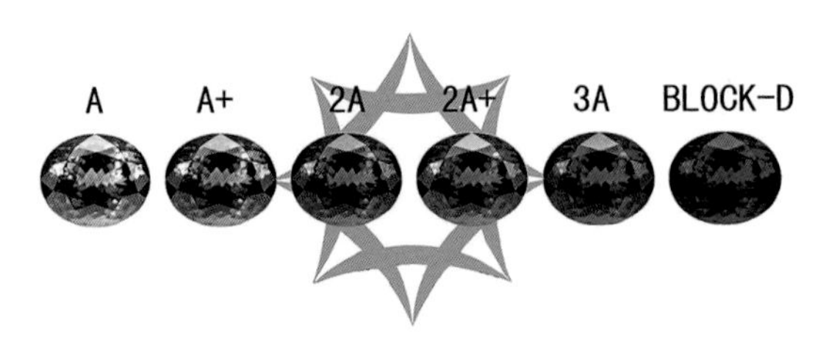

坦桑尼亚中坦联合矿业集团公司
坦桑石颜色评级标准

碧玺（电气石） Tourmaline

碧玺以艳丽的颜色、丰富的色彩、坚硬的质地、剔透的晶体深受东、西方的喜爱。17世纪，巴西向欧洲出口了长柱状深绿色碧玺，人们称为“巴西祖母绿”。18世纪，荷兰阿姆斯特丹有几个小孩玩着荷兰航海者带回的石头，发现这些彩色的石头有一种能吸引或排斥轻物体如灰尘或草屑的力量，因此，荷兰人把它叫做“吸灰石”。中国古代就很喜欢碧玺，也称“碧硒”“碧洗”“碧霞玺”等，有辟邪的含义，有朝珠、盆景、簪子等很多饰品。具有猫眼效应的品种、变色效应的品种比较稀少。

颜色：碧玺是颜色最丰富的彩色宝石，说它丰富，不仅指色调不同、同一色调下深浅有不同，更漂亮的是同一块晶体内外或不同部分可呈现双色或多色。有无色，红色（玫瑰红、粉红）、绿色（深绿、黄绿）、蓝色（蓝绿、浅蓝、深蓝、蓝灰）、紫色、黄色（绿黄、黄褐、浅褐橙）、黑色等。

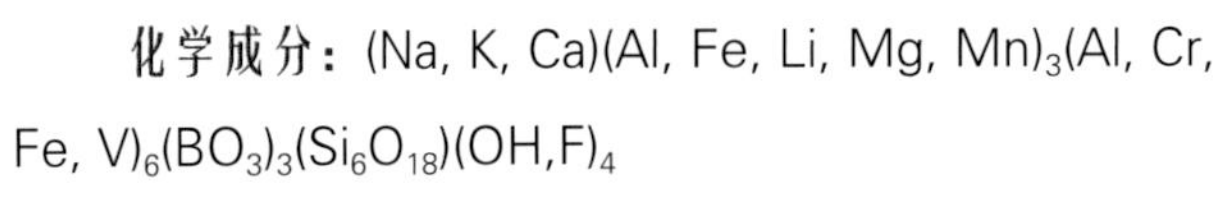

化学成分：$(Na, K, Ca)(Al, Fe, Li, Mg, Mn)_3(Al, Cr, Fe, V)_6(BO_3)_3(Si_6O_{18})(OH,F)_4$

硬度：7~ 8

密度：$3.00\sim3.26g/cm^3$

折射率：1.624 ~1.644 （ +0.011 ，–0.009 ）

产地: 世界上很多地方盛产碧玺。巴西、斯里兰卡、缅甸、俄罗斯、意大利、肯尼亚、美国等。我国的碧玺主要产自新疆阿尔泰、富蕴、昆仑山、南天山，云南的福贡、元阳，内蒙古乌拉特中旗角力格太。

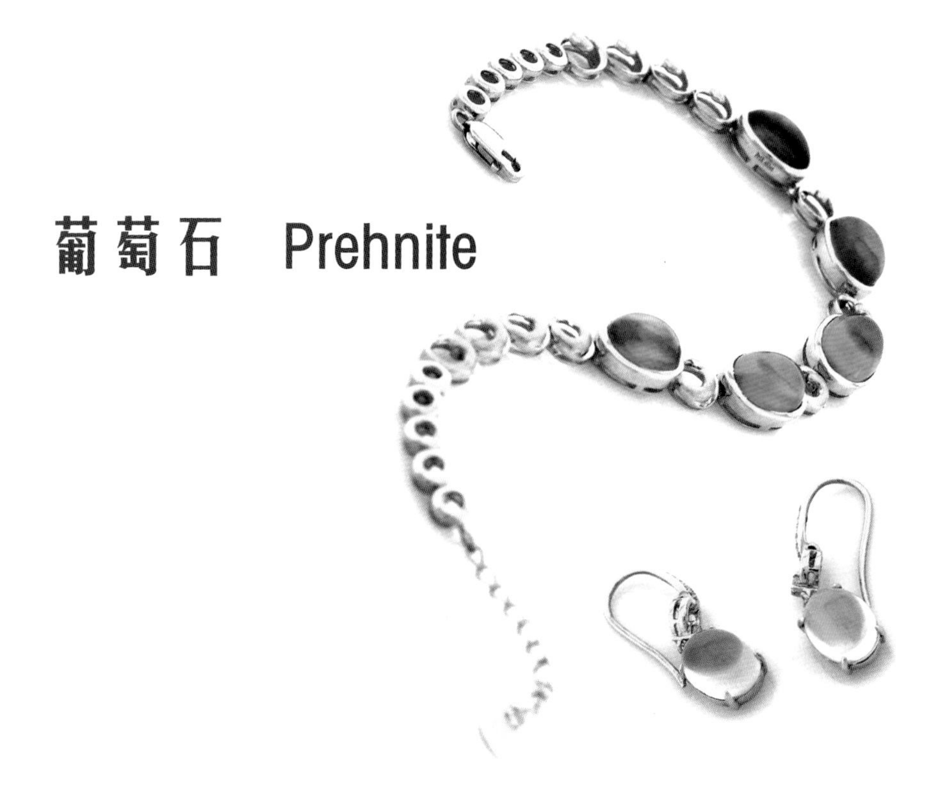

葡萄石　Prehnite

葡萄石色调柔和、青翠欲滴、晶莹通透、圆润光洁，像极了果汁欲淌的水晶葡萄。它色彩明快但是却透着柔和，它剔透晶莹却有着玉石般的温润，一出现在市场上，就深受人们的喜爱。竿竿青欲滴，个个绿生凉，琳琅满目的葡萄石饰品弥补着人们对翡翠爱却望价止步的遗憾，似翡翠般的翠绿温润、圆润饱满的大颗粒弧面，盈盈绿意、颗颗通透，加上现代精致典雅的镶嵌工艺，高贵中透着含蓄，内敛中凸显着光芒。

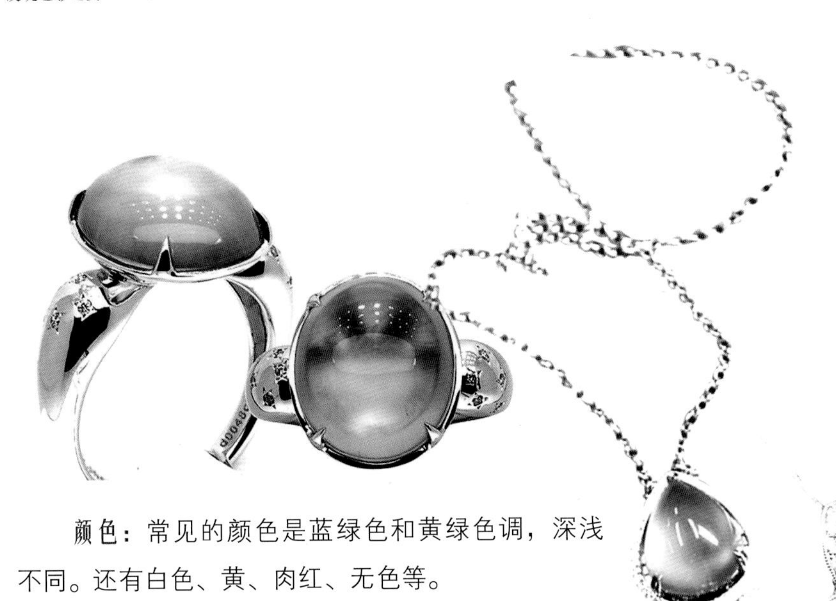

颜色：常见的颜色是蓝绿色和黄绿色调，深浅不同。还有白色、黄、肉红、无色等。

化学成分：$Ca_2Al(AlSi_3O_{10})(OH)_2$，可含 Fe、Mg、Mn、Na、K 等元素。

硬度：6 ~ 6.5

密度：2.80 ~ 2.95g/cm^3

折射率：1.616 ~ 1.649(+ 0.016 ，− 0.031)，点测常为 1.63

产地：法国、瑞士、南非、美国新泽西州、澳大利亚，中国四川泸州、乐山等地。

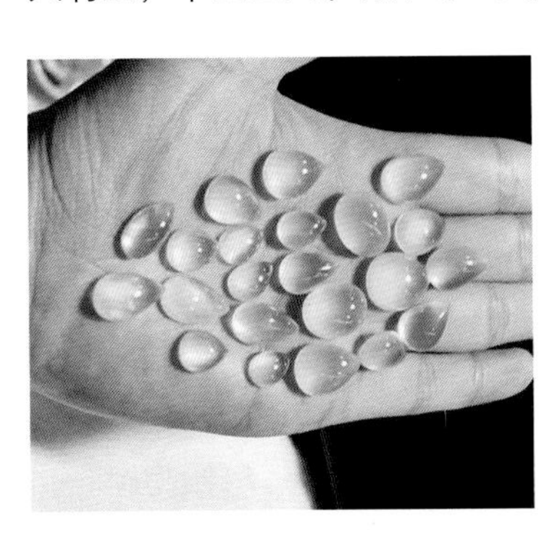

尖晶石 Spinel

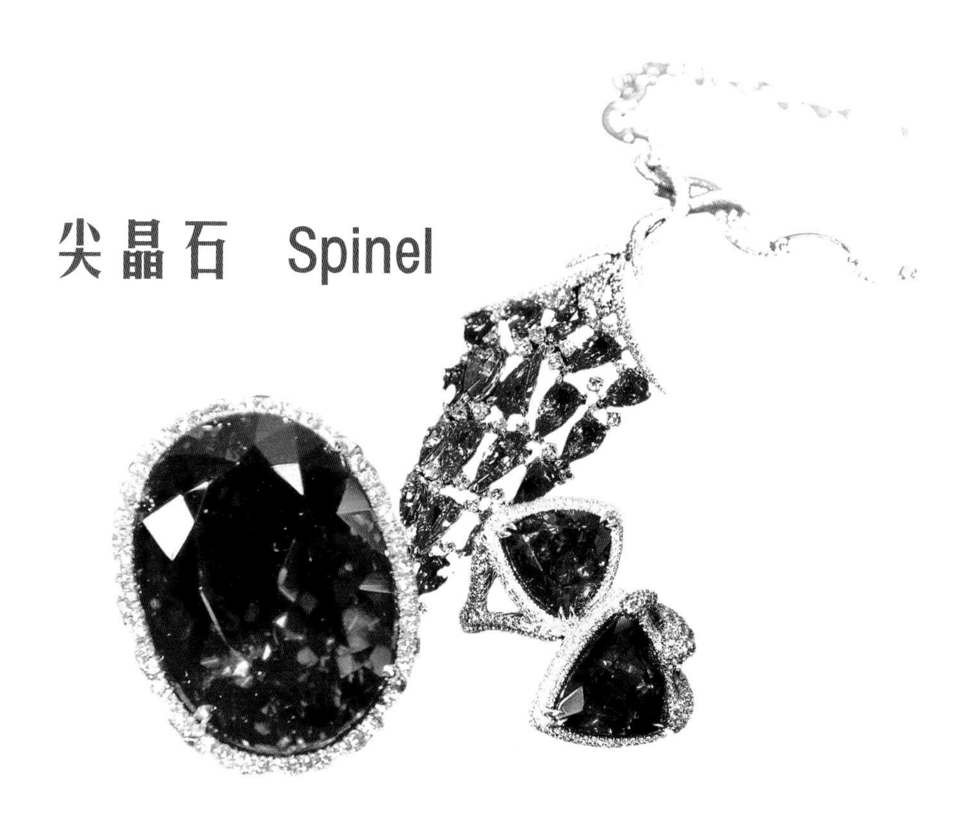

尖晶石是一种历史悠久的宝石，在东、西方的宝石文化中，一直有它的身影。尖晶石颜色比较丰富，基本宝石的各个色调它都有，颗粒一般都比较大，数量也不算太稀少，在古代科学不发达的时候，它一直被误认为是其他名贵宝石，比如我国清朝官员帽子上的“红宝石”，凡是存留到现代的，经过鉴定，几乎全是红尖晶石。

颜色：颜色比较丰富，有红色（红、橙红、粉红、紫红）、无色、黄色（黄色、橙色）、褐色、蓝色、绿色、紫色等很多颜色。

化学成分：$MgAl_2O_4$；可含有 Cr 、Fe 、Zn 、Mn 等元素。

硬度：8

密度：3.57 ~ 3.6 g/cm^3，黑色近于 4.00g/cm^3

折射率：1.718（+0.017, −0.008）

产地：缅甸抹谷、斯里兰卡、肯尼亚、尼日利亚、巴基斯坦、越南、美国、阿富汗，中国的河南、河北、福建、新疆、云南等。

绿柱石（Beryl） 彩色绿柱石 海蓝宝石(Aquamarine) 摩根石(Morganite) 晶黄宝(Heliodor)

绿柱石类矿物因致色元素的不同，分为很多品种。艳绿色的祖母绿是5月的生辰石，蔚蓝色的海蓝宝是3月的生辰石，还有粉红色的摩根石、艳黄色的晶黄宝，都具有颜色鲜艳明快、明亮闪烁、颗粒大的特点，深受人们的喜欢。

颜色：有无色、绿色、黄色、浅橙色、粉色、橙色、红色、蓝色、棕色、黑色。

化学成分：$Be_3Al_2(Si_2O_6)_3$；可含 Fe、Mg、V、Cr、Ti、Li、Mn、K、Cs、Rb 等微量元素。

硬度：7.5 ~ 8

密度：2.67~2.90 g/cm^3

折射率：1.577 ~1.583（ ± 0.017 ）

产地：海蓝宝主要产自于巴西、马达加斯加、肯尼亚、津巴布韦、尼日利亚、赞比亚、美国、缅甸、印度、坦桑尼亚、阿根廷、挪威、北爱尔兰，中国的新疆、云南、内蒙古、海南、四川。粉红色摩根石产自美国圣地亚哥，巴西、马达加斯加、中国新疆。金色的晶黄宝产于马达加斯加、巴西、纳米比亚、缅甸、中国新疆。美国犹他州托马斯山有红色的绿柱石 Bixbite, 巴西的米纳斯吉拉斯州有深蓝色的绿柱石，称为 Maxixe.

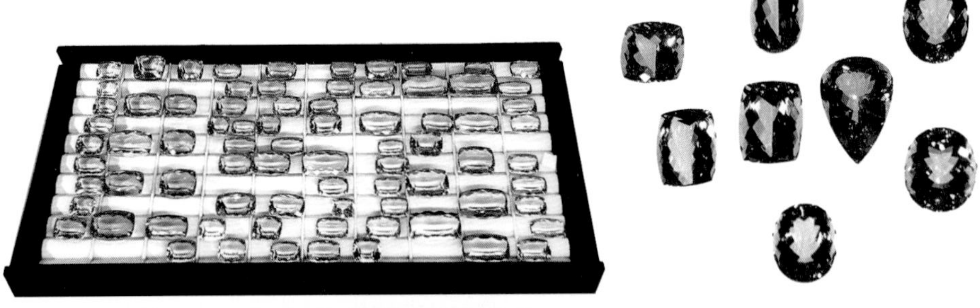

晶黄宝　　海蓝宝石　　摩根石

水晶(石英) Rock crystal (Quartz)

紫晶 (Amethyst)　黄晶 (Citrine)
芙蓉石（Rose quartz）　烟晶 (Smoky quartz)、
绿水晶（Green quartz）
绿幽灵　红兔毛　福禄寿

水晶是世界上分布最广、颜色种类最多、品种丰富的一类彩色宝石，其对应的矿物石英(Quartz)是地壳中最常见的造岩矿物。在东、西方的宝玉石文化中，很早就出现了它的身影，被誉为能量的化身。紫水晶是6月的生辰石。

水晶的品种比较多，市场上通常根据其颜色、包裹体特征、特殊光学效应、形态、产出等来进行分类。

一、水晶从颜色上分类

1. 无色：纯净、透明，也称为“白水晶”。一般代表纯洁、无私。内部可含丰富的包裹体，形成色彩斑斓的颜色和漂亮的形态。

2. 紫色：有蓝紫、紫、浅紫等深浅不一的紫色调，透明度高。颜色高贵，一般代表浪漫。有颜色深浅不一、形状不同的色带，及特征“虎纹”“斑马纹”包裹体。

3. 黄色：从浅黄、柠檬黄、金黄色都有，透明度高。一般寓意招财进宝。黄水晶在自然界产出量较少，市面上流行的黄晶一般为紫水晶经过热处理而成的，或是合成黄水晶。

水晶的热处理

一些颜色较差的紫晶加热后可以成为黄水晶或绿水晶，这种处理方式已经被人们广泛接受了，所以在鉴定上为“优化”，直接使用“水晶”为检验结论，不用标注“优化”。

合成水晶

大约1908年世界上第一颗合成水晶诞生，至今已经100多年了，合成水晶的技术在中国发展迅速，全国很多省都有合成水晶厂、合成水晶产量大、品质优、价格适中，已经在水晶市场占了半壁江山。天然水晶中具有的颜色合成水晶都有，还有合成水晶仿发晶。

4. 绿色：较为稀少，一般为绿至黄绿色。市场上的绿水晶几乎都不是天然产出的，绿水晶一般是紫水晶在加热成黄水晶的过程中出现的一种中间产物。一般代表正义、发展。

5. 烟晶：也称茶晶，为灰色至棕褐色水晶，颜色不均匀，透明度为半透明至不透明。一般代表稳健、安泰。

6. 芙蓉石：也称“蔷薇水晶”“粉晶”，为粉红色系列，颜色不太稳定。单晶体较少，一般为块状集合体，多数呈云雾状，透明度较低。一般代表浪漫的爱情。

7. 双色水晶：紫色、黄色或绿色、黄色共存一体，各占晶体的一部分，两种颜色交接处有明显的分界线。

二、水晶含有丰富的包裹体，有固态的、气态的、液态的，有色带、双晶，它们颜色斑斓、形态各异、品种丰富，形成了不同的品种

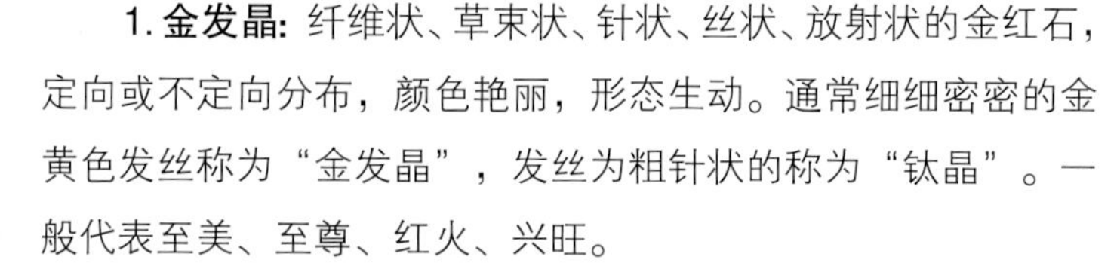

1. 金发晶：纤维状、草束状、针状、丝状、放射状的金红石，定向或不定向分布，颜色艳丽，形态生动。通常细细密密的金黄色发丝称为“金发晶”，发丝为粗针状的称为“钛晶”。一般代表至美、至尊、红火、兴旺。

2. 绿幽灵：含有绿色、黄绿色鳞片状、疏密不等的绿泥石包裹体，一般代表财路正、事业兴，金字塔据说能聚集能量、趋吉避凶。当包体按一定规律分布时，有两组平行带按一定角度形成交角时，被称为“金字塔”。

3. 绿发晶：包含绿色至暗绿色的扁平、长板状阳起石包体、丝状电气石、角闪石包体，被视为最能凝聚正财气的一种水晶。

4. 黑发晶：包含黑色电气石包体，一般代表偏财、解厄。

5. 红兔毛：含有纤铁矿或针铁矿的红色内含物。细密的发丝柔柔缠绵，代表着生命力，据说能使佩戴者保持充沛的活力和青春，增强自信和力量，消除消极情绪，同时还能化解是非。

6. 福禄寿：以代表喜庆的红绿黄三种颜色的发晶为主，寓意“福禄寿”吉祥之意。福、禄、寿在民间流传为天上三吉星，中国民间喜欢将三星作为礼仪交往和日常生活中象征幸福、吉利、长寿的祝愿。“福”寓意五福临门，“禄”寓意高官厚禄，“寿”寓意长命百岁。

7. 水胆水晶：透明水晶内部含有较大的液态包体，有的在摇动时能看到液体的晃动，以及洞中气泡的滚动。一般代表神奇、灵异。

三、有特殊光学效应的水晶

1. 石英猫眼：当水晶中含有大量平行排列的纤维状包体时，将其磨成弧面时，就会产生猫眼现象。有灰白色、黄色、蜜色、灰绿色等。

2. 星光水晶：当水晶中含有 2 组以上定向排列

的针状、纤维状包体时，其弧面宝石表面可显示星光效应。有四射和六射星光。

3. 透星光芙蓉石：在芙蓉石中，由于内部金红石细小，芙蓉石有一定的透明度，当光源从芙蓉石下部平面向上照射时，在弧面顶部会出现六射星光，十分漂亮。

四、从形态上分类

1. 晶簇：是由许多水晶晶体在同一基底上，向上按照结晶规律发育形成的晶体群。晶簇中单个晶体具有固定的晶形，单个晶体表面有特征的晶面花纹，形成群的晶簇造型各异，水晶晶簇还会与其他矿物共生共长……这些奇妙景象，都会让你感叹大自然的鬼斧神工。

2. 晶洞：当晶体成群地生长在一个洞穴式的空间里时，就形成了晶洞。市场上现在常见到的主要是巴西的晶洞，里面的晶体常是黄色和紫色。销售市场上还根据晶洞的形态分为金、木、水、土、火五个类型。

3. 玛瑙水晶晶洞：也称聚宝盆。是在玛瑙球剖开后，内部有晶洞，晶洞上长有细小的石英颗粒。

4. 雕刻摆件：将大块体的水晶进行雕刻。在现代工艺中，结合水晶内部包裹体的形态位置进行设计，采用抛光和磨砂等雕刻工艺创造出很多美丽的摆件。

5. 艺术画：采用各种颜色的水晶（玉髓）碎料和其他宝玉石碎料，通过粘贴，制作出立体感强的装饰画，多以花卉、山水、建筑、人物为主题。

6. **各种饰品：**吊坠、手镯、手链、项链、耳坠等。

五、从产出状态上来说，可分为天然水晶、合成水晶、优化处理水晶（热处理、辐照、染色）

颜色：无色、紫色、黄色、绿色、粉红色、褐色、黑色。

化学成分：SiO_2；可含有 Ti 、 Fe 、 Al 等元素。

硬度：7

密度：2.64~2.69g/cm^3

折射率：1.544 ~1.553

产 地：巴西、美国、俄罗斯、缅甸都有大量产出。我国的江苏东海是著名的水晶之乡。

其他彩宝

一、市场上常见的

除了上面介绍的一些宝石，市场上还有一些中低档宝石，颜色艳丽、款式丰富、价格便宜，很适合年轻人日常佩戴。

石榴石 Garnet

因为具有和石榴子一样的颜色和形状，取名石榴石。红色的石榴石是 1 月的生辰石，被认为是信仰、坚贞、淳朴的象征。

颜色：除了蓝色外的所有色调都有，比较丰富。红色（红、粉红、紫红、橙红），黄色（黄、橘黄、蜜黄、褐黄），绿色（翠绿、橄榄绿、黄绿）

化学成分：$Mg_3Al_2(SiO_4)_3$、$Fe_3Al_2(SiO_4)_3$、$Mn_3Al_2(SiO_4)_3$、$Ca_3Al_2(SiO_4)_3$、$Ca_3Fe_2(SiO_4)_3$、$Ca_3Cr_2(SiO_4)_3$

根据化学成分不同，可以分为几类：

镁铝榴石（Pyrope）：紫红－橙色色调为主，常见紫红色、褐红色、粉红色、橙红色，红色的称为红榴石（Rhodonite）。

铁铝榴石（Almandine）：也称贵榴石（Almandite），红色调为主，常见褐红色、粉红、橙红色。

锰铝榴石（Spseeartite）：常见棕红色、玫瑰红色、黄色、黄褐色，含平行针状包体的会出现猫眼效应。

钙铝榴石（Grossularite）：颜色丰富，有绿色、黄绿色、黄色、褐红色、乳白色等。褐黄色、酒黄色，含铁的钙铝榴称为桂榴石（Hessonite）。绿色、含铬钒的钙铝榴石称为沙弗莱石（Tsavolite、Tsavorite）。绿色、蓝绿色、白色、无色、粉红色，含羟基的钙铝榴石称为水钙铝榴石（Hydrogrossular）。

钙铁榴石（Andradite）：常见黄色、绿色、褐色、黑色。翠绿色、火彩很强、含铬的钙铁榴石称为翠榴石（Demantoid），有的具有变色效应。呈黑色，含钛的钙铁榴石称为黑榴石（Melanite）。

钙铬榴石（Uvarovite）：常见鲜绿色、蓝绿色，类似祖母绿的颜色。

硬度：7~8

密度：3.50~ 4.30g/cm^3

折射率：铝质系列 1.710 ~1.830，钙质系列 1.734~1.940

产地：产地比较多，不同品种的产地各有不同。

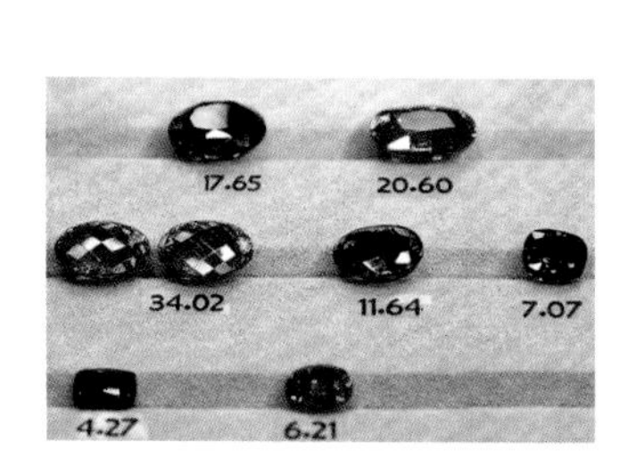

橄榄石　Peridot

橄榄石是一种古老的宝石品种，以其特有的草绿色柔和光泽为世人熟知，古罗马人称它为“太阳的宝石”，可以驱除邪恶，是8月的生辰石。色泽均匀、深绿色、有温和绒绒感觉的橄榄石为上品，大颗粒的不多见。有较大的双折射率，故放大可以看到明显的刻面棱重影。

颜色：中到深的草绿色，部分偏黄绿色、褐绿色、绿褐色。

化学成分：$(Mg, Fe)_2SiO_4$

硬度：6.5~7

密度：$3.27 \sim 3.48g/cm^3$

折射率：1.654~1.690（±0.020）

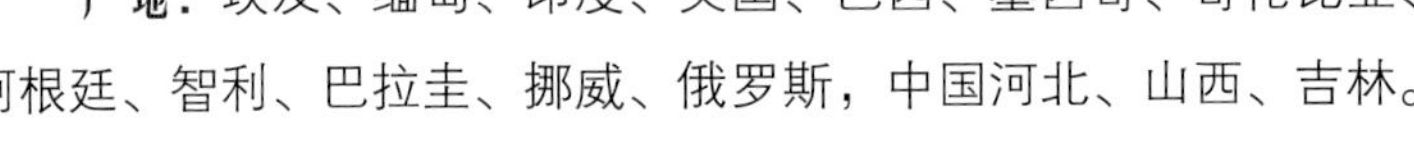

产地：埃及、缅甸、印度、美国、巴西、墨西哥、哥伦比亚、阿根廷、智利、巴拉圭、挪威、俄罗斯，中国河北、山西、吉林。

托帕石（黄玉）　Topaz

托帕石的名称来自于它的英文名，它以颜色明亮、美丽，硬度大而深受人们喜爱，是11月的生辰石。商场上比较多的托帕石基本都是经过热处理或者辐照处理过的，比如艳蓝色。

颜色： 无色、黄棕色－褐黄色，浅蓝色－蓝色，粉红色－红色，极少数呈绿色色调。深红色是最稀有的品种，价格昂贵。有时和碧玺一样，会出现同一块有多个色调的双色黄玉。

化学成分： $Al_2SiO_4(F, OH)_2$；可含有 Li 、Be 、Ga 等微量元素，粉红色可含 Cr。

硬度： 8

密度： 3.49~3.57（±0.04）g/cm^3

折射率： 1.619~1.627（±0.010）

产地： 斯里兰卡、俄罗斯乌拉尔山脉、美国、缅甸、澳大利亚，中国内蒙古、江西、云南。

长石 Feldspar：

月光石（Moonstone）
日光石（Sunstone）
晕彩拉长石（Labradorite）
天河石（Amazonite）

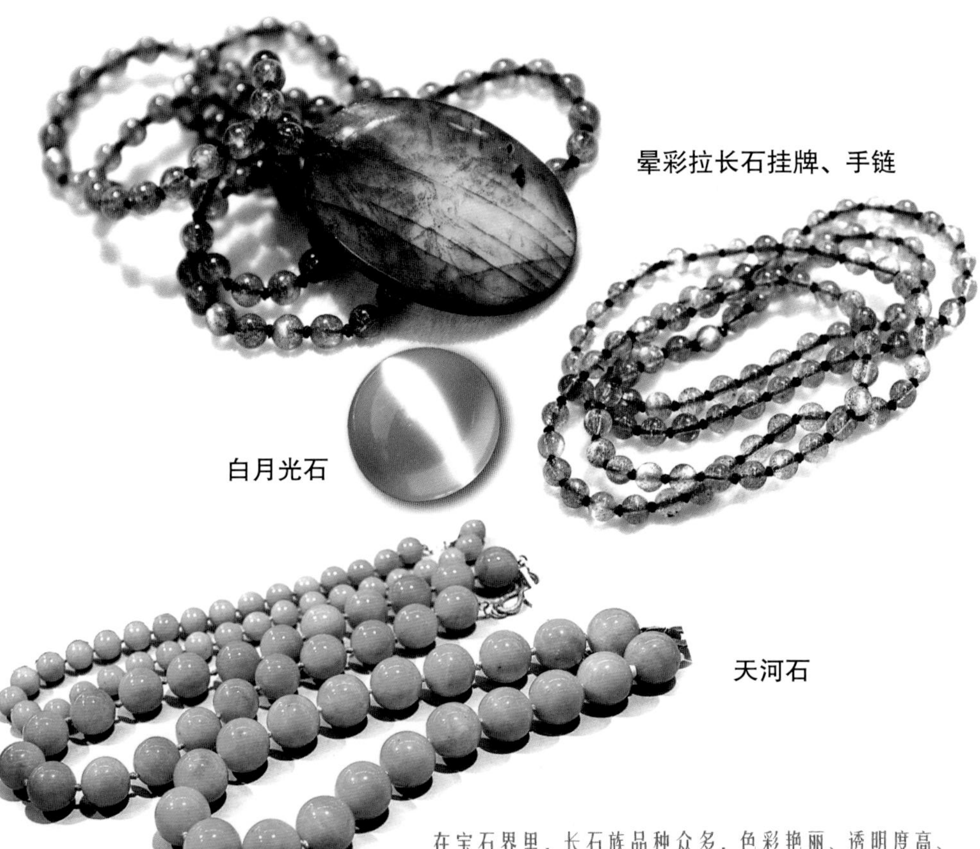

晕彩拉长石挂牌、手链

白月光石

天河石

在宝石界里，长石族品种众多，色彩艳丽、透明度高、块度较大。还有带特殊光学效应的宝石，有恍若月光、散发幽蓝的月光石（Moonstone），有金光闪闪、光芒四射的日光石（Sunstone），还有神秘悠然、七彩光芒的晕彩拉长石（Labradorite），鲜艳明快、块体大的天河石（Amazonite），以及猫眼、星光效应的品种。

黄色长石　　蓝色月光石刻面　　晕彩拉长石晕彩效应放大图

颜色：通常呈无色至浅黄色、绿色、橙色、褐色等，绿色至蓝绿色为天河石，还可能因特殊光学效应或者内部包裹体呈现别的颜色。

化学成分：$XAlSiO_3O_8$; X 为 Na 、Ca、K 、Ba

硬度：6~6.5

密度：2.55 ~ 2.75g/cm^3，不同品种略有不同。

折射率：1.51~1.57，不同品种略有不同。

产地：马达加斯加、缅甸、坦桑尼亚、南美洲，中国内蒙古、河北、安徽、四川、云南。

日光石主要产地为挪威、俄罗斯、加拿大、印度、美国、新墨西哥。

晕彩拉长石主要产地在加拿大、美国、芬兰。

天河石产自印度、巴西、美国弗吉尼亚、加拿大、俄罗斯、马达加斯加、坦桑尼亚，中国新疆、甘肃、云南、内蒙古等地。

晕彩拉长石

锆石 Zircon

我们在这里说的锆石是大自然天然生长出来的宝石，它被誉为繁荣和成功的象征，早在古希腊就受到了人们的喜爱，是12月的生辰石。不是大家常说的、在实验室里制作的人工宝石“合成立方氧化锆（CZ）”（也叫“水钻”），它晶莹闪烁，常用来做珠宝、衣服的配石。

锆石具有强光泽（金刚光泽）、强火彩（色散值高）、掂重打手（密度高）、高折射率、有刻面棱重影（双折射率高）、有特殊吸收光谱、棱角容易破损（脆性高）等特点，鉴定特征明显。

颜色：很丰富，有无色、蓝色、绿色、黄绿色、黄色、棕色、褐色、橙色、红色、紫色等。

化学成分：$ZrSiO_4$；可含有 Ca、Mg、Mn、Fe、Al、P、Hf、U、Th 等元素。

硬度：6~7.5

密度：多数在 3.90 ~4.73 g/cm^3

折射率：高型：1.925~1.984（ ± 0.040 ）

产地：分布范围较广，有斯里兰卡、缅甸、法国、挪威、英国、瓦拉尔、坦桑尼亚、越南与泰国的交界，我国福建、海南、新疆、辽宁、黑龙江、江苏、山东等。

堇青石　Iolite

堇青石散发着独特的偏紫罗兰色的蓝色，色调介于蓝宝石和紫水晶之间，被人称为“水蓝宝石”（Water sapphire）。它具有很强的二色性，从不同方向的刻面观察，有不同的颜色。与紫水晶、蓝宝石、坦桑石、碧玺、方柱石比较相似。有一种比较奇特的品种叫“血滴堇青石”（Bloodshot），是一种含有大量定向排列、红色针状或板状赤铁矿和针铁矿包裹体，产自斯里兰卡的品种。

颜色： 主要为蓝色和蓝紫色，还有无色、黄色、微白色、绿色、褐色、灰色。

化学成分： $Mg_2Al_4Si_5O_{18}$；可含有 Na、K、Ca、Fe、Mn 等元素及 H_2O。

硬度： 7~7.5

密度： 2.56~2.66g/cm^3

折射率： 1.542~1.551（+0.045，– 0.011）

产地： 斯里兰卡、马达加斯加、美国、加拿大、格陵兰、苏格兰、挪威、德国、芬兰、坦桑尼亚、纳米比亚等。

方柱石　Scapolite

颜色较为丰富，是一种新发现的宝石品种。

有猫眼品种。

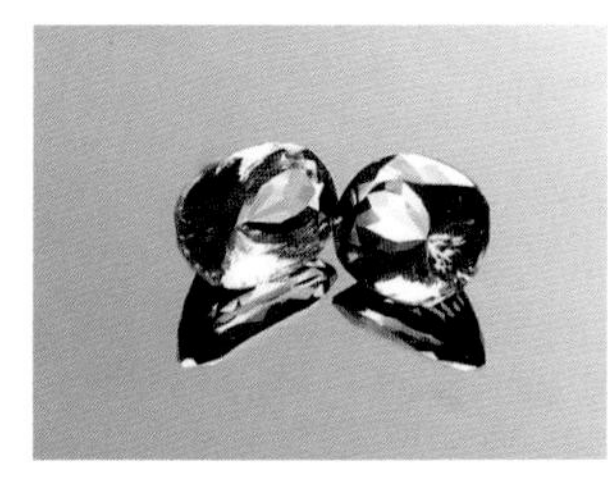

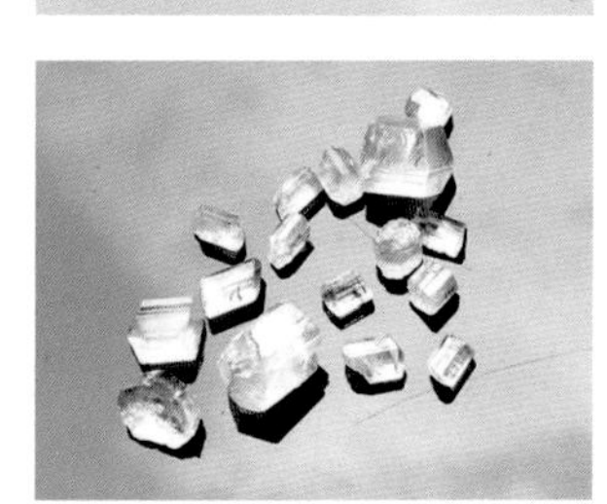

颜色：主要有紫色、粉色、无色、橙色、绿色、蓝色、紫红色。海蓝色称为“海蓝柱石”。

化学成分：$(Na, Ca)_4[Al(Al, Si)Si_2O_8]_3(Cl,F,OH,CO_3,SO_4)$

硬度：6~6.5

密度：2.60~2.74 g/cm^3

折射率：1.550~1.564（+0.015，－0.014）

产地：缅甸、马达加斯加、巴西、印度、坦桑尼亚、中国、莫桑比克。

蓝晶石　Kyanite

蓝色纯正，玻璃光泽，价格适中，近年来受到市场追捧。二色性明显（无色－深蓝、紫蓝），硬度随晶体的不同方向而变化，也被称为“二硬石”，原料晶面上有明显解理纹。

颜色：常见深浅不同的蓝色，还有绿、黄、灰、褐、无色等。

化学成分：Al_2SiO_5，可含有 Cr、Fe、Ca、Mg、Ti 等元素。

硬度：平行 Z 轴方向上是 4 ～ 5，垂直 Z 轴方向上是 6 ～ 7。

密度：3.56~3.69g/cm^3

折射率：1.716~1.731（ ±0.004 ）

产地：印度、缅甸、瑞士、俄罗斯、巴西、肯尼亚、美国等。

磷灰石 Apatite

磷灰石是一种古老的宝石品种，因为其受热后会发出磷光，民间称为“灵光、灵火”。因其颜色比较丰富、品种比较多，还有猫眼，成为很多宝石标本爱好者搜集的热点。硬度较低，刻面棱容易磨损，这个特征可以作为肉眼鉴定特征，也因为这个特征佩戴保养时要小心。

颜色：常见的有黄至浅黄色、蓝色、绿色、浅绿色、紫色、紫红色、粉红色、无色等。

化学成分：$Ca_5(PO_4)_3(F,OH,Cl)$

硬度：5

密度：3.18~3.35g/cm^3

折射率：1.634~1.638（+0.062，−0.006）

产地：缅甸、斯里兰卡、印度、美国、墨西哥、巴西、加拿大、挪威、俄罗斯、西班牙、意大利、前捷克斯洛伐克、德国、马达加斯加、坦桑尼亚，中国的内蒙古、河北、河南、甘肃、新疆、云南、福建。

辉石 Pyroxene

锂辉石 (Spodumene)
透辉石 (Diopside)
顽火辉石 (Enstatite)
普通辉石 (Augite)

■**锂辉石 (Spodumene)**：颜色柔和、透明度高、玻璃光泽、颗粒大，有可能出现星光、猫眼效应。

颜色：颜色较浅，常见粉红色至蓝紫红色、绿色、黄色、无色、蓝色。最为流行的是含 Cr 呈翠绿色的翠绿锂辉石，含 Mn 呈紫色的紫锂辉石。

化学成分：$LiAlSi_2O_6$，可能含 Cr、Mn、Fe、Ti、Ga、V、Co、Ni、Cu、Sn 等微量元素。

硬度：6.5~7

密度：3.15~3.21g/cm^3

折射率：1.660~1.676（ ± 0.005 ）

产地：巴西、美国、马达加斯加、中国新疆等地。

■**透辉石 (Diopside)**：颜色较深、透明度高、玻璃光泽，星光、猫眼品种比较多。

颜色：蓝绿色至黄绿色、褐色、黑色、紫色、无色、白色等。比较流行的铬透辉石是鲜艳绿色。

化学成分：$CaMgSi_2O_6$，可能含少量 Cr、Fe、V、Mn 等微量元素。铬透辉石是一种含 Cr 的透辉石。

硬度：5~6

密度：3.22~3.40g/cm^3

折射率：1.675~1.701（+0.029，−0.010），点测 1.68。

产地：缅甸、斯里兰卡、巴西、意大利、马达加斯加等地。铬透辉石产于南非、俄罗斯、芬兰。

■**顽火辉石 (Enstatite)**：颜色较深、猫眼品种比较多。

颜色：常见暗红褐色到褐绿、黄绿色。

化学成分：$(Mg, Fe)Si_2O_6$，含 Ca、Al 等元素。

硬度：5~6

密度：3.23~3.40g/cm^3

折射率：1.663~1.673（± 0.010）

产地：缅甸、坦桑尼亚、斯里兰卡、南非等地。

■**普通辉石 (Augite)**：颜色较深、比较典型的是星光、猫眼品种。

颜色：常见灰褐、紫褐、黑、绿黑色。

化学成分：$(Ca, Mg, Fe)_2(Si, Al)_2O_6$，含 Ti、Na、Cr、Ni、Mn 等。

硬度：5~6

密度：3.23~3.52g/cm^3

折射率：1.670~1.772

产地：纳米比亚、德国、俄罗斯、美国、日本，中国河南、辽宁、黑龙江等地。

矽线石　Sillimanite

市场上比较多的为矽线石猫眼。

颜色：白色、灰色、褐色、绿色、紫蓝色、灰蓝色。

化学成分：Al_2SiO_5，常含有少量 Fe、Ti、Ca、Mg 等。

硬度：6~7.5

密度：3.14~3.27g/cm^3

折射率：1.659~1.680（+0.004，−0.006），点测 1.64

产地：缅甸、斯里兰卡、美国等地。

红柱石 Andalusite

红柱石和蓝晶石、矽线石有着相同的化学成分，但是却有着不同的晶体结构、物理性质稍微不同（这样的现象在宝石学上叫做“同质多象变体”）。宝石级的红柱石为透明至半透明，有的还有猫眼效应。它还有一种特殊的品种叫“空晶石”，在白色、灰色、红色或浅褐色底色中心，有十字形的暗色条带，不透明。

颜色：常见褐绿色、黄褐色、绿色、褐色、粉色、紫色等。

化学成分：Al_2SiO_5，可含V、Mn、Ti、Fe等元素。

硬度：7~7.5

密度：3.13~3.21g/cm^3，有的可到3.60g/cm^3

折射率：1.634~1.643（±0.005）

产地：巴西、美国、东非、西班牙、斯里兰卡、缅甸、比利时，中国的河南、山东、北京、新疆。

锡石　Cassiterite

具有较强光泽（金刚光泽）的一种宝石，比较少见。

颜色：无色、黄色、浅褐、红色。

化学成分：SnO_2, 可含有 Fe、Nb、Ta 等元素。

硬度：6~7

密度：6.87 ~ 7.03g/cm^3

折射率：1.997 ~ 2.093（+0.009，−0.006）

产地：玻利维亚、中国云南等地。

透视石 Dioptase

绿色鲜艳，晶莹剔透，玻璃光泽，但解理发育，常作为矿物晶簇进行收藏。

颜色：常见蓝绿色、翠绿色。

化学成分：$CuSiO_2(OH)_2$

硬度：5

密度：3.25~3.35g/cm^3

折射率：1.655~1.708（±0.012）

产地：刚果、扎伊尔、纳米比亚。

二、彩色玉石

近年来，一些国外产量较大的玉石品种因为其颜色艳丽、透明晶莹，在市场上没有按照宝石学的定义严格划分，也作为彩宝品种进行销售。还有一些带佛教色彩的宝玉石，如藏传佛教的“西方七宝”：玉髓（水晶）、蜜蜡（琥珀）、砗渠（贝壳）、珍珠、珊瑚、金、银，因其赋予浓厚的西域色彩、神圣的佛教含义深受人们的喜爱。

玉石似乎更符合中国人含蓄、内敛的性格，颜色艳丽的玉石更进一步体现了时代的潮流特征，这里也简单介绍一下。

红纹石（菱锰矿） Rhodochrosite

近几年，市场很流行红纹石，其颜色艳丽、明快，透明温润，优质者红艳水润，略差一点的也有好看的花纹，深受人们的喜爱。它的矿物成分为菱锰矿，是一种碳酸盐类玉石，遇到盐酸会起泡。

颜色：常呈粉红色，粉红色上有白色、灰色、褐色、黄色条带，还有透明的深红色，有的有黑色的氧化黑点。

化学成分: $MnCO_3$,常含有少量Fe、Ca、Zn、Mg等。

硬度：3~5

密度：3.45g ~3.70g/cm^3

折射率：1.597~1.817（±0.003）

产地: 阿根廷、澳大利亚、德国、罗马尼亚、西班牙、美国、南非，中国辽宁、赣南、密云。

欧泊、蛋白石 Opal

欧泊被称为宝石的调色板，因其具有火焰般闪烁的的变彩效应，深受人们的喜欢，是10月的生辰石，是澳大利亚的国石，也称为“澳宝”。

可分为黑欧泊、白欧泊、火欧泊、晶质欧泊四大类，黑欧泊是价值最高的。透明的欧泊一般称为蛋白石，橙色、透明的欧泊一般称为火欧泊。高质量的欧泊要求变彩均匀、完全，变彩颜色丰富，可以是蓝、绿、黄、橙、红的单色或组合色，颜色越丰富、越明亮越好。

欧泊中含的nH_2O为吸附水，在矿物中含量不定，最高可以到20%，会随着温度湿度而不同，所以在保养时要注意远离高温、长时间日照、光照等环境。

市场上会出现合成欧泊，拼合欧泊，糖酸处理、烟处理、注胶处理欧泊，还可能出现塑料、玻璃等仿欧泊，购买时要注意。

颜色：体色可以有白色、黑色、深灰、蓝、绿、棕色、橙色、橙红色、红色等多种颜色。

化学成分：$SiO_2 \cdot nH_2O$

硬度：5~6

密度：1.25~2.23g/cm^3

折射率：1.450（+0.020，−0.080），通常1.42~1.43，火欧泊低达1.37

产地：澳大利亚的新南威尔士、昆士兰，墨西哥、巴西、美国、马达加斯加、新西兰、委内瑞拉等。

玉髓（Chalcedony）、玛瑙（Agate）

玉髓、玛瑙、雨花石、天珠、柠檬石都是隐晶质石英质玉石，因所含石英颗粒极细小，结构致密，外观呈现油脂光泽——玻璃光泽。

品种极为丰富：无色细腻的白玉髓，鲜艳温润的红玉髓，艳丽细腻、和翠色翡翠很相似的绿玉髓，颜色明亮、结构细腻的台湾蓝玉髓，颜色纯正、透明度较好的印尼紫玉髓，红色、不透明的羊肝石，不同颜色条带的风景碧玉，暗绿色底上有棕红色的血滴石，还有各种颜色、不同条纹的白玛瑙、红玛瑙、绿玛瑙、蓝玛瑙、黑玛瑙、缟玛瑙、缠丝玛瑙、苔藓玛瑙、火玛瑙、水胆玛瑙、风景玛瑙，颜色丰富、花纹美丽、意境多样的雨花石，藏族宗教文化传统饰品、褐色底上有圆形图案的天珠，颜色清新、柔和的柠檬石。

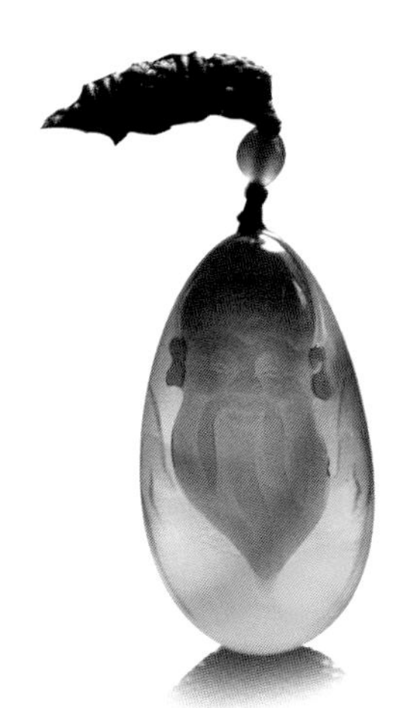

颜色：颜色丰富，白色、黑色、灰色、蓝色、绿色、紫色、橙色、橙红色、红色等多种颜色。

化学成分：SiO_2

硬度：6.5~7

密度：2.55~2.71g/cm^3

折射率：1.544~1.553，点测 1.53 或 1.54

产地：世界很多地方都有分布，以澳大利亚、巴西、印度尼西亚、中国台湾等地比较有特色。

萤石是东、西方有着悠久历史的宝石品种，古代出土的文物中，有很多这个材质制作的装饰品，古时称“软绿水晶”“软紫水晶”。萤石具有明显磷光效应，人们常称其为“夜明珠”。其颜色鲜艳、色带分界明显、品种丰富、晶形完整，体量大，是深受欢迎的矿物晶簇标本。

萤石 Fluorite

颜色：非常丰富，除红色、黑色少见外，其他颜色均有出现。常见的有浅绿色至深绿色、蓝色、蓝绿色、棕色、黄、粉、灰、褐、玫瑰红、深红、无色等。常见几个颜色分布在一块石头上，图案多姿多彩。

化学成分：CaF_2

硬度：4

密度：$3.00\sim3.25g/cm^3$

折射率：1.434（±0.001）

产地：美国、哥伦比亚、加拿大、英国、纳米比亚等国，中国湖南、浙江、内蒙古、新疆、云南等地。

珊瑚　Coral

珊瑚是一种有机宝石，在国际上被列为二级保护生物，它的开采销售需经过特殊的批准。近年来，因为其艳丽的颜色、温润的质地、奇特的形状、丰富的佛教文化色彩，深受东西方的喜爱，无论是东方的中国结编制、银纸藏式镶嵌，还是西方图腾镶嵌，都受到追捧。

颜色： 常见的有白色、红色、粉色、金色、黑色，偶见蓝色和紫色。

化学成分： $CaCO_3$、$MgCO_3$、Fe_2O_3、H_2O、有机质及微量元素。

硬度： 3~4

密度： 2.60~2.70g/cm^3

折射率： 1.486~1.658，点测 1.65

产地： 红色珊瑚一般产于太平洋海域，中国台湾的红珊瑚全球闻名，意大利、阿尔及利亚、突尼斯、西班牙、法国等也是红珊瑚的主要产区。

白珊瑚分布在南中国海、菲律宾海域、澎湖海域、琉球海域和九州西岸。

粉红色珊瑚的主要产区在夏威夷西北部海域。

琥珀 Amber 血珀、金珀、蜜蜡、金绞蜜、蓝珀

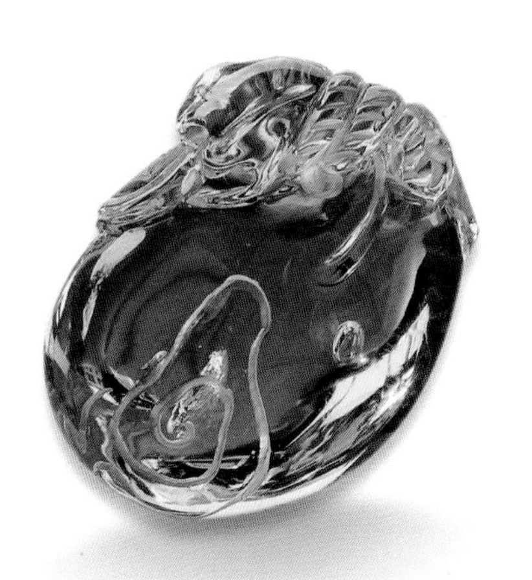

琥珀是一种有机宝石，近年来深受市场的喜爱。古时的人称琥珀为“虎魄”，认为是“虎死精魄入地化为石”，有趋吉化凶、镇宅安神的功效。其实琥珀是松柏树上分泌出树脂，被深埋后发生石化作用，被冲刷、搬运、沉积、发生成岩作用而形成的。

琥珀市场上仿制品较多，有许多树脂类、塑料类，热处理、再造压制的比较多，检测难度较大，需要用拉曼等仪器才能检测出，购买时要格外小心。

颜色：黄、棕、淡红、淡绿、蓝等色调。

主要品种有血珀、金珀、棕珀、蓝珀、绿珀、金绞蜜、蜜蜡等。

化学成分：$C_{10}H_{16}O$

硬度：2~2.5

密度：$1.00\sim1.10g/cm^3$

折射率：点测 1.54

产地：波罗的海沿岸国家，多明尼加海域，罗马尼亚、捷克、意大利、挪威、英国、新西兰、缅甸、伊朗等国家，中国辽宁、河南西峡、云南保山等地均有产出。

绿松石
Turquoise

绿松石是深受古今中外人士喜爱的古老玉石之一，其因色、形似碧绿的松果而得名，古时多数由古代波斯产出，经土耳其运往欧洲输入欧洲各国，故有“土耳其玉”之称。东、西方的古老民族，如中国的藏族、美洲的印地安人、古代波斯人，用绿松石做珠宝首饰的历史都很悠久。

市场上常出现再造、注油、浸蜡、染色、注塑、注硅酸钠等优化处理的绿松石，还有合成的、玻璃塑料模仿的，在购买时要小心。

颜色：具有独特的天蓝色，人们称之为“绿松石蓝”。常见浅至中等蓝色、绿蓝色至绿色，伴有白色细纹、斑点、褐黑色网状铁线或杂质。

化学成分：$CuAl_6(PO_4)_4(OH)_8 \cdot 5H_2O$

硬度：5~6

密度：$2.40\sim3.12g/cm^3$

折射率：点测 1.61

产地：伊朗、美国、埃及、俄罗斯、中国湖北等地。

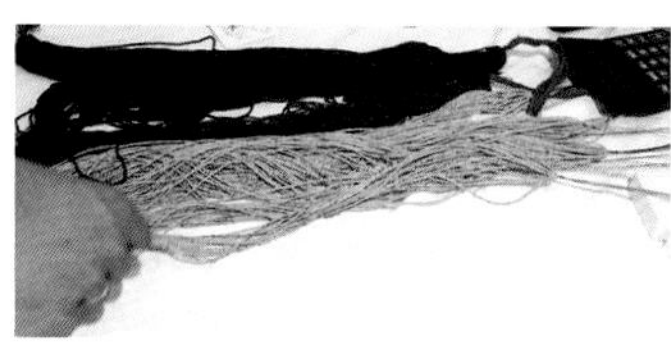

青金石 Lapis lazuli

在中国历史上认为青金石玉石“色相如天”，尤受重用，用作朝珠或朝带，还有佛像、壁画的颜料。据《清会典图考》记载：“皇帝朝珠杂饰，唯天坛用青金石，地坛用琥珀，日坛用珊瑚，月坛用绿松石；皇帝朝带，其饰天坛用青金石，地坛用黄玉，日坛用珊瑚，月坛用白玉”，皆借玉色来象征天、地、日、月，其中以天为上。阿富汗把青金石作为“国石”。

颜色：紫蓝色，伴有铜黄色黄铁矿、白色方解石、墨绿色辉石类矿物。

化学成分：$(NaCa)_8(AlSiO_4)_6(SO_4,Cl,S)_2$

硬度：5~6

密度：2.50~3.00g/cm^3

折射率：点测 1.50

产地：阿富汗、俄罗斯贝加尔、智利、缅甸、美国加州等地。

苏纪石　Sugilite

也叫“舒俱徕石”，以其独有的、呈各种不透明的深浅紫与紫红色交织深受人们喜爱，被誉为“千禧之石”和“南非国宝石”。

颜色：红紫色、蓝紫色，伴有其他颜色矿物。

化学成分：硅铁锂钠石，$(K，Na)(Na，Fe)_2(Li，Fe)Si_{12}O_{30}$

硬度：5.5~6.5

密度：2.69~2.79g/cm^3

折射率：点测 1.61

产地：南非。

查罗石 Charoite

又名紫硅碱钙石，商业上俗称“紫龙晶”，20世纪70年代发现于西伯利亚地区。有获得真知，通达智慧的功效。

颜色：浅紫色、紫蓝色，可含有黑色、灰色、白色、黄色、褐棕色色斑。

化学成分：$(K,Na)_5(Ca,Ba,Sr)_8(Si_6O_{15})_2 Si_4O_9(OH,F) \cdot 11H_2O$

硬度：5~6

密度：2.54~2.78g/cm^3

折射率：1.550~1.559（±0.002）

产地：俄罗斯。

海纹石 Copper Pectolite

又名“拉利玛石（Larimar）”，指的是“无与伦比的蓝色”，是加勒比海岛屿的土著印地安人最早发现并利用这种有着海洋般的蓝色，以及蓝绿色夹白色的海水的宝石。他们将美丽的物件和灵性护佑联系在一起，认为 Larimar 能给人们带来健康和好运；还可以保护家人不被疾病和灾难所伤害。是多米尼加共和国的国石。

颜色：有着海洋般的蓝色，以及蓝绿色夹白色的形态，深钴色（火山蓝色）、绿松蓝（像绿松石那样的蓝色）、天蓝色、浅蓝色、白色。

化学成分：$NaCa_2Si_3O_8(OH)$

硬度：4~5

密度：2.7~2.8g/cm^3

折射率：1.59~1.63

产地：多米尼加、美国、加拿大、苏格兰。

孔雀石 Malachite

孔雀石因颜色和花纹酷似孔雀毛而得名，在古代就用来做炼铜的原料、绘画的颜料及中药。在珠宝市场上，颜色鲜艳、纹带清晰、质地细腻、块度大的孔雀石作为吊坠、雕件等首饰比较常见。是智利的国石。

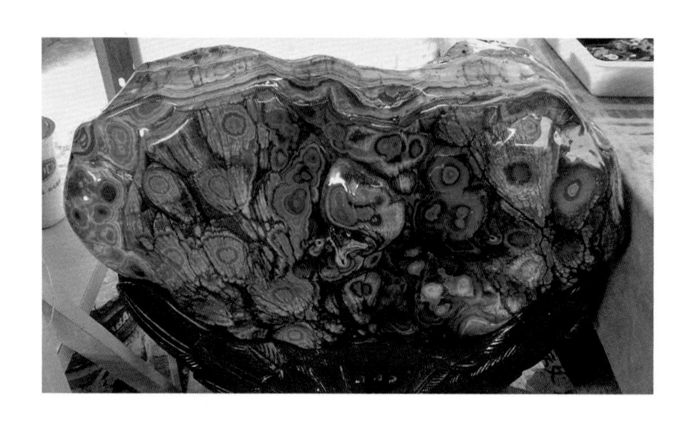

颜色：微蓝绿、浅绿、艳绿、孔雀绿、深绿和墨绿，常带有杂色（黑色、白色）条带。

化学成分：$Cu_2CO_3(OH)_2$

硬度：3.5~4

密度：3.25~4.10g/cm^3

折射率：1.655~1.909

产地：赞比亚、澳大利亚、津巴布韦、纳米比亚、俄罗斯、扎伊尔、美国、智利，中国的广东阳春、湖北大冶、江西西北部、内蒙古、西藏、甘肃、云南等地。

硅孔雀石　Chyrsocolla

硅孔雀石的颜色和花纹很像凤凰，也称凤凰石。

颜色：常见绿色、蓝绿色，含褐色、黑色杂质。

化学成分：$(Ca，Al)_2H_2Si_2O_5(OH)_4 \cdot nH_2O$

硬度：2~4

密度：$2.0\sim2.4g/cm^3$

折射率：点测 1.50

产地：智利、美国、墨西哥、俄罗斯、埃及、扎伊尔、以色列，中国新疆、福建等地。

异极矿 Hemimorphite

异极矿有着美丽的淡蓝色，矿物集合体比较多，市场上多出现戒面。

颜色： 无色、淡蓝色、淡蓝绿色。

化学成分： $Zn_4[Si_2O_7](OH)_2 \cdot H_2O$

硬度： 4.5~5

密度： 3.4~3.5g/cm^3

折射率： 点测 1.62、1.63

产地： 美国、刚果、德国、奥地利，中国云南、广西、贵州等地。

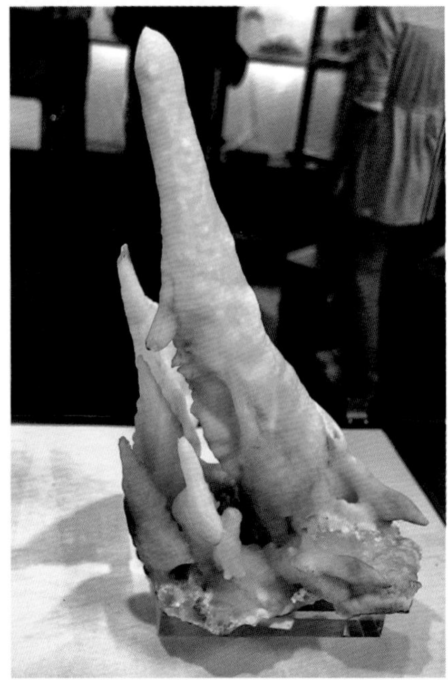

天然玻璃
Natural glass

玻璃陨石 Moldavite
火山玻璃 Volcanic glass

天然玻璃是指自然界形成的玻璃，分为陨石类的玻璃陨石（也称莫尔道玻璃、雷公墨），岩浆喷出形成的火山玻璃（也称黑曜岩、玄武玻璃）。

颜色：玻璃陨石常呈中至深的黄色、灰绿色。黑曜岩可呈黑色、褐色、灰色、黄色、绿褐色、红色，上面有白色雪花状斑块称为“雪花黑曜岩”，有七彩条带称为“晕彩黑曜岩”。玄武岩玻璃常为带绿色调的黄褐色、蓝绿色。

化学成分：SiO_2

硬度：5~6

密度：玻璃陨石 2.32 ~ 2.40g/cm^3，火山玻璃 2.30 ~ 2.50g/cm^3

折射率：1.490（+0.020，–0.010）

产地：黑曜岩产自北美、意大利、墨西哥、新西兰、冰岛、希腊。玄武岩玻璃产自澳大利亚昆士兰州。玻璃陨石产自捷克、利比亚、美国、澳大利亚，我国海南岛。

丁香紫玉（锂云母岩） Lepidolite

是我国在20世纪70年代发现的一种玉石新品种，因为颜色呈丁香花般的美丽紫色而得名。

颜色：丁香紫色、玫瑰紫色。
硬度：2~3
密度：2.8~2.9 g/cm^3
折射率：点测 1.54~1.56
产地：中国新疆、陕西等地。

蔷薇辉石　Rhodonite

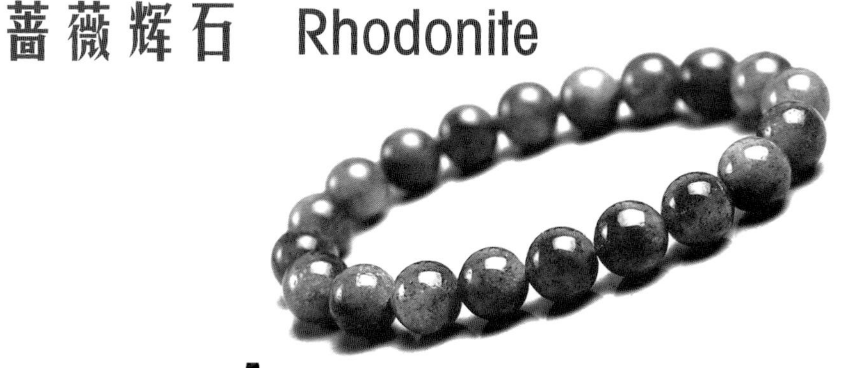

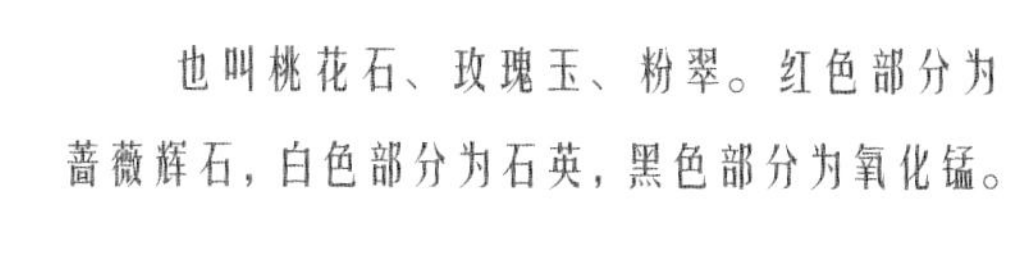

也叫桃花石、玫瑰玉、粉翠。红色部分为蔷薇辉石，白色部分为石英，黑色部分为氧化锰。

颜色：浅粉红色，上面有黑色、白色斑点和细脉间杂，有时有绿色和黄色色斑。

化学成分：（Mn，Fe，Mg，Ca）SiO_3

硬度：5.5~6.5

密度：3.30~3.76g/cm^3

折射率：点测 1.73

产地：美国、瑞典、俄罗斯、澳大利亚，中国北京昌平、陕西、江苏、青海、四川等地。

贝壳（Shell）

砗磲（Tridacna Shell）
鲍鱼贝（Abalone Shell）
海螺珠（Conch Pearls）

贝壳是指贝类、蚌类、海螺类软体动物的钙质硬壳，人们用贝壳作为饰品、进行装饰的历史比较久远。有白色的闪着珍珠光泽的白色、浅黄色、灰色贝壳，有纯白色、致密、佛教七宝之一的砗磲，有牙白与棕黄相间呈太极形状、棕色带中有强烈金色丝光的金丝砗磲，有色彩斑斓的鲍鱼贝，最珍贵的是粉红色、有着火焰状的光彩的海螺珠（孔克珠）。

鹤顶红

东南亚热带雨林的盔犀鸟头胄部分，实心，且外红内黄，质地细腻，易于雕刻，早在元代就被作为饰品。在材质为珍禽异兽遗物的古玩杂项中，有“一红二黑三白”之说，“红”即鹤顶红，“黑”即犀角，“白”即象牙。鹤顶红质优色美，材料稀少。

Chapter 3 潮人爱搭配 彩色宝石佩戴心得

Adornments Of Colored Gemstone

· 闪耀职场

· 街头小清新

· 华丽宴会

· 精心礼物

女人如玉，夏日里，女人最美的展现，衣裙、凉鞋、手包……还缺一点点色彩、一点点灵动、一点点奢华，让颈间、耳畔、手腕、指尖点缀上美丽的珠宝，为自己增色添彩，佩戴出独特的气场。

也许你喜欢翡翠吊坠的浓翠欲滴，也许你喜欢钻石戒指的璀璨光亮，也许你喜欢碧玺手链的绚烂丰富，也许你喜欢水晶挂件的晶莹剔透，也许你喜欢黄龙玉把玩件的温润细腻，也许你喜欢水沫子手镯的荧光闪动……

“浓妆淡抹总相宜”，总有一款珠宝适合你，让我们多了解一些宝石，更懂一些搭配，徜徉在美丽的彩宝世界。

闪耀职场

风格定位：精致、知性、低调、独特

宝石选择：中高档宝石、色彩明快闪烁、流行品种

款式建议：K 金配钻注重细节、精致中国结编制

佩戴禁忌：做工伪劣、颜色杂乱

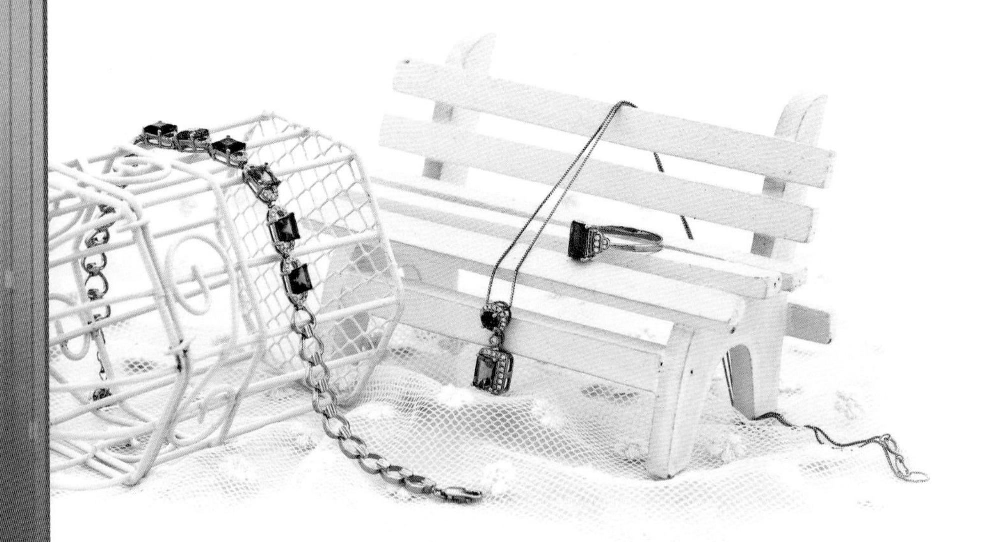

街头小清新

风格定位： 清纯、简洁、活泼、可爱

宝石选择： 中低档晶石，颜色柔和淡雅，几何琢型或珠子的组合类

款式建议： 明亮吊坠、彩色手链、精致耳坠、小粒宝石、颜色品种混搭

佩戴禁忌： 豪华镶嵌、颜色暗沉、个头过大

华丽宴会

风格定位：奢华、璀璨、高调、品味

宝石选择：中高档宝石、色彩明艳、颗粒大

款式建议：豪华镶嵌、成套出现、颜色形状大小醒目

佩戴禁忌：颜色暗淡、低档品种

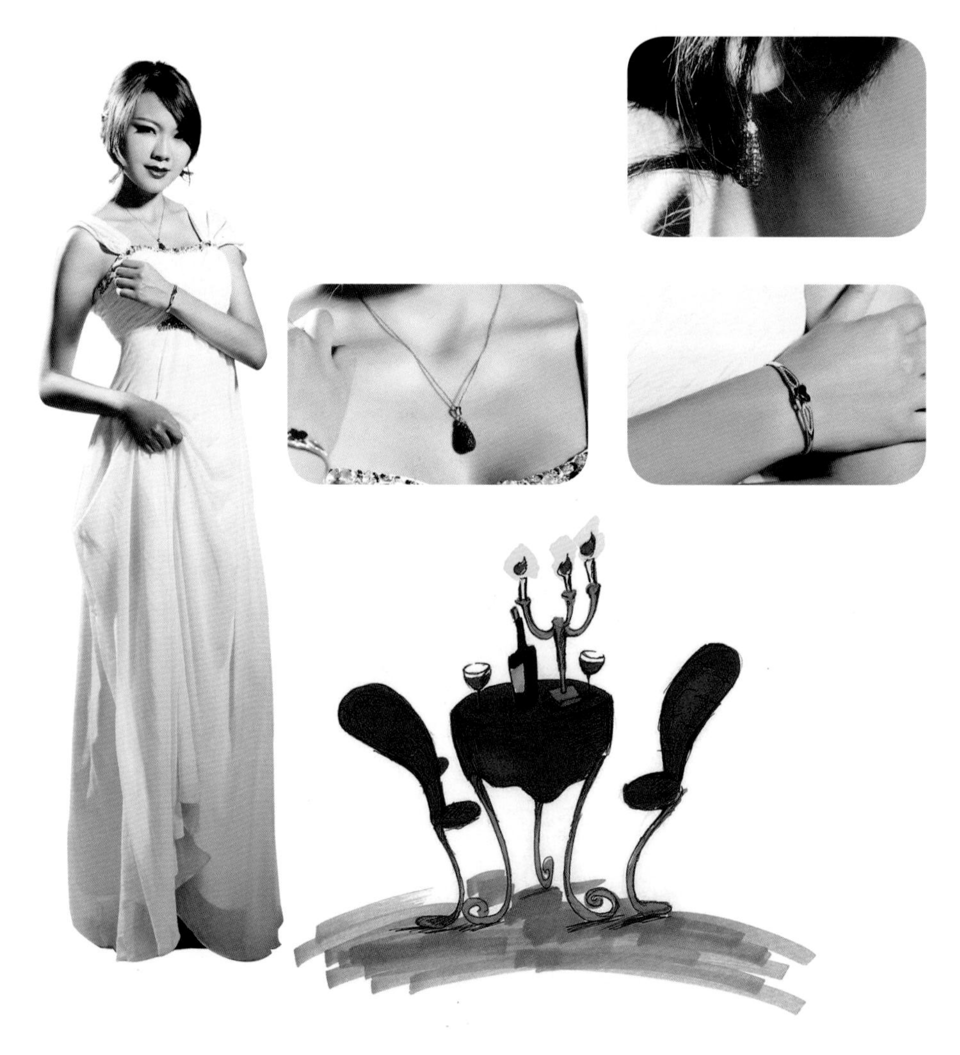

精心礼物

Valentine's Day 情人节

在这特殊的日子里，你一定想给亲爱的她送上一份甜蜜、精致的礼物，钻石是最直接表达爱的珠宝，也不妨选择颜色鲜艳的其他心型刻面彩色宝石或者心型镶嵌饰品，如果和你们的结婚纪念石品种配合，那寓意就更加深刻了。要记住，爱珠宝是女人的天性，只要你有心，让礼物充满爱意，她一定会给你一个赞许的微笑。

推荐：钻石或色彩艳丽的宝石，精致、有一定造型的饰品。

Christmas Day 圣诞节

“叮叮当，叮叮当，铃儿响叮当”，在这西方舶来的节日里，圣诞老人、圣诞树、雪花、星芒都是节日特定的符号，这些可爱的元素用颜色艳丽、镶嵌精致的彩色宝石来体现，西方文化更显得淋漓尽致，圣诞节的温暖和热情你是不是已经感受到？

推荐：红色、绿色、白色宝石，设计中有圣诞元素。

Mother's Day 母亲节

妈妈，我的生命是从睁开眼睛爱上你的面孔开始。我知道，在我的人生旅程里，唯有母爱才是最真的，永恒的，不灭的。每年5月的第二个周日，母亲节（Mother's Day），让我们送上美丽的康乃馨，名贵的珠宝，特制的甜点，精致的贺卡，您辛苦啦！请您佩戴上这款漂亮耳坠，绿翠希望您永葆青春，红宝让您永葆活力；或是一款精致的花型胸针，您的微笑在嘴角如花般甜蜜。

推荐：中高档宝石，做工优良、造型优雅。

Father's Day 父亲节

香港著名作家梁凤仪说：恐惧时，父爱是一块踏脚的石；黑暗时，父爱是一盏照明的灯；枯竭时，父爱是一湾生命之水；努力时，父爱是精神上的支柱；成功时，父爱又是鼓励与警钟。面对那个威仪、严肃的父亲，我们的表达是含蓄的，在每年6月第三个星期日的父亲节（Father's Day），让我们有一个充足的理由向爸爸送上一份礼物。珠宝是名贵的，最能表达那份沉沉的谢意，或是一对精致的袖扣，或是一款简洁的胸牌，让我对您的敬爱陪伴着您。

推荐：中高档深色宝石，做工优良、款式大方。

Birthday 生日

长尾巴啦！又到了每年要庆祝的日子，我们又长大一岁、成熟一岁。辛苦了一年，给自己送上一件心仪已久的礼物吧，在这个隆重的日子里，戴上她参加生日 Party 吧，或是生辰石，或是星座守护石，也可以是亮丽的镶嵌饰品，记录下成长的过程。

推荐：各种档次宝石，造型活泼、题材不限。

Anniversary Day 纪念日

记住了星很亮的那一天，记住了雨很急的那一天，总有那么一个日子刻在我生命变成了纪念。升职的那一天，你送我了一个芭蕾舞者胸针，她灵动的舞姿、闪烁的光芒，开启了我职场的新征程。结婚纪念日，我们用对应的珠宝来纪念我们一起走过的日子，让我们一起慢慢变老。

推荐：各种档次宝石，设计独特、主题明确。

Activities Gift 活动馈赠

送礼，是一门艺术。珠宝作为礼品，大气、庄重。在这个彩宝流行的时代，不同档次的珠宝，大粒黄水晶吊坠、小颗粒托帕石群镶，花不多的钱，却能表达浓浓的情谊。

推荐：各种档次宝石，创意突出、款式大方。

Best Matches 百搭配饰

珠宝并不一定是隆重的，你可以选择中低档宝石，选择柔和的色彩，简单的款式，清新的造型，让你在生活中百搭各种场合。

推荐：中低档宝石，颜色鲜明、造型简单。

总结篇

以颜色来挑选：

常见的无色珠宝玉石有：钻石、水晶、合成立方氧化锆（水钻）等。几乎适合搭配任何服饰。

常见的紫色珠宝玉石有：紫锂辉石、紫水晶、碧玺、堇青石、石榴石等。适合搭配稍微正式一些的服饰。

常见的粉红色珠宝玉石有：摩根石、红宝石、菱锰矿（红纹石）、尖晶石、芙蓉石等。适合搭配休闲一些的服饰，比如今年流行的碎花系列。

常见的黄色珠宝玉石有：黄玉髓、琥珀、黄水晶、金绿宝石、黄色蓝宝石、托帕石等。搭配有民族风味的服饰会别具风情。

常见的蓝色珠宝玉石有：蓝宝石、托帕石、尖晶石、碧玺、坦桑石、蓝晶石、月光石、晕彩拉长石、海蓝宝石、异极矿、天河石等。更适合搭配一些正式或中性一些的服饰。

常见的绿色珠宝玉石有：葡萄石、玉髓、祖母绿、碧玺、橄榄石、绿色石榴石、沙弗莱石等。搭配一些近色系列的服饰。

彩色的珠宝玉石有：欧泊、晕彩拉长石、碧玺、玉髓、玛瑙、仿真首饰等。特别是大颗粒、艳丽色彩的饰品近年很流行。

黑色系列：黑玉髓、黑曜岩等也很适合搭配T恤衫、牛仔等中性、运动的服饰。

佛教系列：珊瑚、琥珀、绿松石、青金石、贝壳等彰显东方的华丽，可以搭配一些民族风格或中国传统服饰的服装。

以款式来挑选：

手镯、手链、吊坠、项链、耳环、戒指都是不错的选择，包挂、手机链、把玩件、器具也可以成为生活里新意的点缀。

手镯：手镯的形态是由古代祭祀用的环、琮、玦等演变而来的，古人认为天是圆的，圆形象征天意，圆形是无限的美丽。市场上见的比较多的手镯，主要为玉质的，比较流行的是玉髓、芙蓉石、天河石等品种。手镯可以分为：圆环型（圆条镯）、扁框圆环型（扁条镯）、扁框椭圆型（贵妃镯）、宽条镯、细条镯、纽丝手镯、龙凤雕花手镯、马蹄形手镯、膀臂手镯、童镯、包金手镯等。圆条手镯为最经典手镯款式，最为费料，价值比一般手镯高，粗细均匀的厚条更为珍贵。贵妃镯圈口为椭圆，更加贴手，一般是将就毛料做的，通常圈口小，适合年轻或手小的女孩戴，相对便宜一些。还有主石为彩色宝石或者彩色玉石的小雕件，配以K金、银饰、中国结装饰的手镯也很漂亮。

手链：可以分为组合手链、圆珠手链、方形手链、佛头念珠手链、镶嵌手链、中国结编制手链等，可以单独带，也可以几串组合起来带。圆珠手链一般讲究珠粒圆、大小颜色相近，匹配性好的为佳品。各种颜色的晶石、佛教色彩的手串近年特别流行。

挂件、吊坠：是饰品中最常用的，颜色艳丽、晶莹璀璨、透明纯净的彩色宝石配以精致的K金镶嵌，点缀于颈间。还有碧玺、海蓝宝等宝石雕琢的花牌，无论是你有美丽的锁骨，还是你有光滑的长颈，因为它让你瞬间灵动起来。

项链：一般分为珠链和镶嵌套装。还记得法国作家莫泊桑的小说《项链》吗？项链是点缀颈间最好的饰品，一串美丽的项链会是全身最出彩的地方，特别是在出席一些重要活动的场合。

耳饰：分为耳坠、耳环、耳钉等。摇曳在耳畔，起点睛的作用。

戒指：女性纤纤玉手，戒指是最好的点缀，而且它还代表美丽的爱情。戒指戴在食指代表求偶、戴在中指代表订婚、戴在无名指代表结婚、戴在小指代表独身，把戒指戴在大拇指、小指上也是一种新潮的戴法。彩色宝石戒指一般为镶嵌的，用黄金、铂金、K金等金属材料对宝玉石进行抓、包、托。主石的形状有：椭圆形、圆形、马鞍形、水滴形、刻面型、随形、方形等，刻面宝石要求比例协调，闪烁晶莹的为佳，带猫眼、星光效应的宝石为弧面的，以长宽高比例饱满，光学效应明显的为好。

套件：只佩戴一件饰物，有时会显得单调，特别是出席一些正规场合。如果你拥有耳畔上的耳环，颈间的项链、吊坠，腕上的手镯、手链，手指上的戒指，不妨搭配来戴。套件多为同工同料同设计，整体性更显奢华。

包挂、手机挂：颜色鲜艳、形状各异的小珠子、小挂件配以精致的中国结、金属镶嵌，摇曳在精致的皮包上、最亲密的手机上，随着晃动，眼睛一亮。

把玩件：随着人们的个性化需求的增加，加工创意的丰富，把玩于掌间的碧玺小桃、办公桌上的水晶球、萤石的大茶几、玄关上的宝石画……真是各有所好。

Chapter 4 色眼识宝 彩色宝石鉴赏

Appraisals Of Colored Gemstone

- 扫盲班：几个常见疑问
- 实战班：鉴赏把握要点
- 提高班：投资彩色宝石的一些市场意见
- 工具班：工具、知识作补充

彩色宝石的美之一是色彩艳丽，美之二是有神奇的特殊光学效应，美之三是璀璨的刻面切工，美之四是精湛的镶嵌工艺。

发现彩宝的美，不仅仅是眼睛看到的观感，更重要的是了解它内涵的知识，感叹大自然造物的奇、工匠切磨镶嵌的绝、拥有者欣赏佩戴的美。

市场无可避免地会有一些不良商家，利用你的喜爱，利用人们占便宜的心态，销售一些以假充真、以次充好的货品，懂点鉴定、欣赏的常识，才能买到货真价实、称心如意的彩色宝石。

扫盲班

几个常见疑问

宝石和玉石的区别

古人说：玉，石之美者。意思就是，玉石就是漂亮的石头，在古代科技不发达的时候，只要是漂亮的石头，人们都称之为玉，因此在一些博物馆里陈列的珍贵玉饰，多数只是写着“白玉”“青玉”，用颜色特征来命名。现在科技发达了，我们利用专业的仪器，根据每种“石头”物理、化学、光学性质的不同，就有了区分。

在我们专业的角度上来说，符合美观、稀少、耐久三个特点、由自然界产出的矿物——石头就是“天然珠宝玉石”，分为宝石、玉石、有机宝石三类，只有具备美观、稀少、耐久这三个特点的石头才能称为“宝石级“。

宝石是矿物单晶体或双晶，比如钻石、红宝石；

玉石是矿物集合体，少数为非晶质体，比如翡翠、和田玉、玛瑙；

有机宝石是有机质的，如珍珠、象牙。

区分要点

宝石是单晶体，玉石是很多细小晶体长在一起的集合体，或者像玻璃那样不是晶体（宝石学上称“非晶质体”）的也属于玉石。

彩宝的品种（颜色分类）

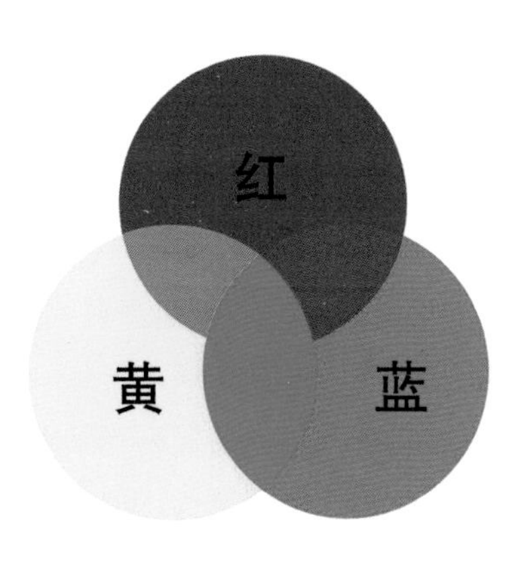

颜色是影响有色宝石质量和价值最主要的因素，它的影响一般占到50%甚至85%。而宝石的颜色描述则要从颜色的三要素入手，即色相、明度和彩度。

色相(Hue): 也称色彩，即基本色红、橙、黄、绿、青、蓝、紫。宝石常常显几种色彩的混合色。人们在贸易过程中，习惯将宝石的颜色用模拟法来描述，如："鸽血红""鸭血红""苹果绿"等。

明度(Value): 也称色调Tone，是光对宝石的透、反射程度，即色彩与光亮或黑暗的混合，是人眼对宝石表面的明暗感觉。

彩度(Chroma): 也称饱和度(Saturation)，指色彩的浓度或颜色深浅强度和鲜艳程度。

以碧玺为例

1. **红色碧玺**——最为名贵的是红色、紫红、玫瑰红，粉红色次之。
2. **绿色碧玺**——优质者有祖母绿碧玺，黄绿色次之。
3. **蓝碧玺**——优质的价格与蓝宝石相似，淡蓝次之。
4. **纯黄或橙色碧玺**——较少见，白碧玺、黑碧玺，颜色过深。色泽不好者价格低廉。另有一种具有猫眼效应的碧玺，质优者身价倍增。

常见的彩宝主要有以下系列：

无色： 钻石、水晶、锆石、托帕石

红色或粉红、玫红色： 红宝石、尖晶石、石榴石、碧玺、粉紫色蓝宝石、菱锰矿、紫锂辉石、摩根石、粉色蛋白石、珊瑚

黄色、黄棕、橙色： 黄水晶、晶黄宝、火欧泊、石榴石、碧玺、黄橙色蓝宝石、日光石、黄玉髓、琥珀

绿色、黄绿色： 祖母绿、翠榴石、沙弗莱石、橄榄石、葡萄石、锂辉石、透辉石、绿色蓝宝石、磷灰石、锆石、碧玺、孔雀石

蓝色： 海蓝宝石、托帕石、碧玺、蓝宝石、蓝晶石、坦桑石、天河石、青金石

紫色： 方柱石、紫水晶、坦桑石、堇青石、苏纪石

黑色： 黑曜石、黑电气石、黑石榴石、黑玉髓

彩色： 欧泊、火玛瑙、晕彩拉长石、鲍鱼贝壳

彩宝的化学组成（化学分类）

彩宝品种的本质是矿物的不同化学成分，根据所含化学成分及微量元素的不同可以确定其不同的名称。

常见彩色宝石可以分为：

1. 自然元素矿物：钻石。

2. 硫化物：闪锌矿、雄黄、辰砂。

3. 氧化物和氢氧化物：红宝石、蓝宝石、金绿宝石、石英族（各色水晶、玉髓、欧泊、蛋白石等）、黑曜石、尖晶石、塔菲石、锡石、金红石。

4. 卤化物：冰晶石、锥冰晶石、萤石。

5. 含氧盐类：

A. 硅酸盐：祖母绿、石榴石、绿柱石、长石、碧玺（电气石）、锆石、托帕石（黄玉）、橄榄石、堇青石、红柱石、方柱石、辉石（锂辉石、透辉石、顽火辉石、普通辉石）、蔷薇辉石、矽线石、葡萄石、黝帘石（坦桑石）、蓝晶石、蓝柱石、榍石、符山石、斧石、蓝锥矿、蓝线石、硅铍石、阳起石、柱晶石、鱼眼石、透视石、赛黄晶、绿帘石。

B. 硼酸盐：硼锂铍矿、硼铍石。

C. 磷酸盐：天蓝石、光彩石、独居石、蓝铁矿、磷灰石。

D. 碳酸盐：菱锰矿、方解石、文石。

彩宝的力学特性（硬度分类）

> 硬度（Hardness）
>
> 材料局部抵抗硬物压入其表面的能力。

1812 年由德国矿物学家莫斯 Friedrich Mohs 提出摩氏硬度计，在矿物学或宝石学上常用，应用划痕法将棱锥形金刚钻针刻划所试矿物的表面而发生划痕，按照它们的软硬程度分为 10 级：

（1）滑石 (talc)

（2）石膏 (gypsum)

（3）方解石 (calcite)

（4）萤石 (fluorite)

（5）磷灰石 (apatite)

（6）正长石 (feldspar;orthoclase;periclase)

（7）石英 (quartz)

（8）黄玉 (topaz)

（9）刚玉 (corundum)

（10）金刚石 (diamond)

硬度值并非绝对硬度值，而是按硬度的顺序表示的值。各级之间硬度的差异不是均等的，等级之间只表示硬度的相对大小。

人们还以一些常见物质的相对硬度做补充：指甲 2.5；铜针 3；窗玻璃 5~5.5；刀片 5.5~6；钢锉 6.5~7。

硬度测试是一种有损测试，在宝石成品上尽量不用或者在不起眼的地方用，在保养中，空气中灰尘主要成分为石英（硬度为 7），硬度小于 7 的宝石表面年代久远会发生棱角变毛的现象。

硬度为 4 的萤石刻面棱变毛

彩宝的密度特性（到底宝石有多重）Density

对于一些密度（比重）较大的宝石来说，拿到裸石，在手上有“打手”的感觉，觉得很重。

典型例子：琥珀在饱和食盐水中是漂浮的，因为琥珀的密度和饱和食盐水的是一样的 1.08 g/cm^3。

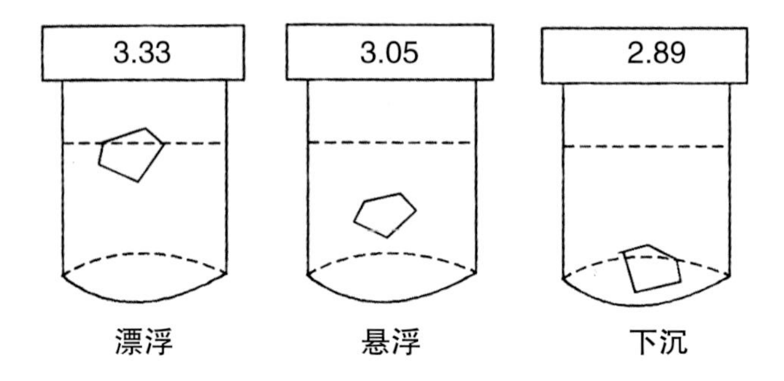

碧玺宝石在三种不同密度的重液中沉浮情况

彩宝的特殊效应
(宝石为什么会有斑斓色彩、猫眼、星光、变彩)

豪华猫眼戒指

各色玻璃猫眼

猫眼效应 (Chatoyancy)：在平行光照射下，以弧面形切磨的某些珠宝宝石表面呈现一条明亮并具有一定游动性(闪光或活光)的光带，宛如猫眼细长的瞳眸而得名。通常“猫眼”特指金绿宝石猫眼，而其他具有猫眼效应的宝石则需在其前加上宝石的名称，如磷灰石猫眼、矽线石猫眼等。

形成猫眼必须具备 2 个条件：

(1) 含大量平行排列的包裹体，或宝石由纤维状、长柱状的矿物沿一定方向组成，或有平行排列的结构。

(2) 宝石必须切磨成底面平行包裹体平面的弧面形。

星光效应 (Asterism)：在平行光线照射下，以弧面形切磨的某些珠宝玉石表面呈现出两条或两条以上交叉亮线的现象。

它的形成和猫眼类似，不同的是由两向或三向包体所致。有：六射星光、四射星光、十二射星光。

月光效应：出现在月光石上的

月光石

一种光学效应，随着样品的转动，在某一角度，可以见到白至蓝色的浮光，似月色朦胧。产生的原因是月光石中正长石出溶有钠长石，两种长石的层状隐晶相互交生，折射率差异产生散射。蓝色的更为优质，多为乳白色。

晕彩效应（Iridescence）：因光的干涉、衍射等作用，致使某些光波减弱或消失，某些光波加强，而产生颜色。一般在拉长石上出现。

澳大利亚欧泊

变彩效应(Play of colour)：欧泊的特殊结构对光的干涉、衍射作用产生颜色，且颜色随着光源或观察角度的变化而变化的现象。欧泊中的二氧化硅小球及球间空隙的特殊结构形成了不同的变彩颜色和效果。

玻璃砂金石　　日光石

砂金效应(Aventurescence)：透明宝石、玉石中光泽较强的包裹体对光反射产生闪烁现象。常见的有砂金石英、日光石、东陵石、砂金石玻璃。

变色效应(Change of colour)：宝石的颜色随着光源的不同显现明显的颜色变化。由于入射光光谱能量分布或入射光波长改变，影响宝石的颜色。如一颗变石，在日光灯照射下呈蓝绿色，白炽灯下呈红色。

变色蓝宝石

色散(Fire)：当白色复合光通过具棱镜性质的材料时，材料将复合光分解而形成不同波长光谱的现象。进入钻石内的光线，根据不同刻面角度作内部反射，光线的分配反射产生彩虹七色，就是色散的表现，我们称为“火彩”。每一种宝石品种都有其固定的色散值，色散值高的宝石色散明显，是肉眼鉴定宝石的明显特征。

光泽 (Luster)：宝石表面反射光的能力和特征。根据光泽的强弱，可以分为金属光泽、半金属光泽、金刚光泽、玻璃光泽等。由于反射光受宝石矿物颜色、表面平坦程度、集合体结合方式的影响，还会产生油脂光泽、树脂光泽、丝绢光泽等特殊光泽。

红宝石强玻璃光泽

重影 (Double image)：某些双折射率比较高的宝石，如碧玺、锆石、橄榄石可见明显的刻面棱重影或者内部包裹体重影的现象。可用肉眼或10倍放大镜，观察宝石对面刻面相交的棱是否有重影。在区分钻石和莫桑石时，钻石是均质体、没有重影，合成碳硅石（莫桑石）双折射率比较高、有重影。（见P161图）

珍珠光泽

多色性 (Pleochroism)：非均质体的彩色宝石的光学性质会随方向而异，对光波的选择性吸收及吸收总强度随光波在晶体中的振动方向不同而呈现不同颜色，在不同的观察角度会有颜色的深浅变化。在加工的过程中，要充分考虑宝石多色性情况，才能将宝石最美的一面展现出来。比如绿色碧玺，晶体常呈长柱状，垂直长轴方向的一面常呈黑色，平行长轴方向呈艳丽绿色，加工者会将平行长轴方向的一面作为大台面，所以市场上我们常见到的绿色碧玺多是祖母绿刻面的。（见P155图）

堇青石强三色性

发光性 (Phosphorescence)：宝石在外来能量的激发下，发出可见光的性质，外来能量撤出后立即停止发光的叫荧光，撤出后仍能发光的叫磷光。我们常说的夜明珠就属于发磷光。在鉴定学中，我们还会将宝石置于紫外荧光灯下（类似验钞机那样的装置），观察它的发光性，作为判别宝石的种属、是否处理过的重要依据。

紫外荧光灯下具有发光性的宝石发出明显磷光

实战班

鉴赏把握要点

彩宝特征三要素在分辨宝石种类中的决胜作用

美丽颜色　彩色宝石的艳丽关键

美丽是宝石价值的首要体现，宝石的美由颜色、透明度、光泽、纯净度等众多因素决定，但是颜色艳丽是关键。彩色宝石要求颜色艳丽、纯正、均匀。

稀少产量　彩色宝石的价格关键

宝石以产出稀少而名贵，包括品种上的稀少和质量上的稀有。比如五大名贵宝石在品种和质量上都是稀少的，缅甸鸽血红红宝石、克什米尔矢车菊蓝宝石、哥伦比亚艳绿祖母绿都是千百年来人们趋之若鹜的珍宝。紫晶在大量发现和合成技术成熟之前，以其高贵的色彩、神秘的能量受众人追捧，当很多国家大量开采发现之后，加之实验室里可以大量合成，价格一落千丈。碧玺品种丰富、产地众多，但是云南怒江的绿碧玺颜色鲜艳、内部纯净、产量稀少，在国际市场上争相收藏，也让这个高黎贡山里的世外桃源为宝石界熟知。

耐久硬度　彩色宝石的质量保证

宝石还需要经久不变，具有一定的硬度、韧性和稳定性，这些是由它稳定的物理、化学性质决定的。比如天然的锆石，无色纯净，色散火彩比钻石还高，折射率高光泽强，外观和钻石很相近，但是它硬度只有6~7.5，脆性大，边角、棱角常有破损（以前用包宝石的纸包裹，稍不小心就会有棱的损坏），因此价格就远远低于钻石。

彩宝的包裹体

宝石在复杂的形成过程中，由于外来物质的混入、成矿溶液的浓度、温度压力的变化等原因，会在宝石里形成和宝石有明显界限的气体、液体、固体或三种状态。优化处理的宝石由于本身就是天然宝石进行人为的处理，改善了珠宝的外观。

组合的包裹体，还可能形成带状结构、色带、双晶、断口、解理以及和内部结构有关的表面特征。

辨别真假彩宝的重要特征

不同种类的宝石，它内部的包裹体有不同的特征，我们可以用肉眼、放大检查看有什么特殊的内部现象来判定宝石品种，比如红色系列的宝石，红宝石有典型的金红石针包裹体，尖晶石有八面体固态包裹体。

天然的宝石和合成的宝石的包裹体差异是一项鉴定关键指标。合成宝石是人们模拟大自然生长环境生产的，它们与对应天然宝石的化学成分相同，许多物理、光学特征基本一致，或者差异很小，但是包裹体却有很大差异，比如天然的红宝石的生长纹是平直的，合成红宝石的是弧形的。

琥珀内圆形气泡

金发晶内密集定向针状包体

碧玺内丰富气液包体

萤石有明显色带

玻璃充填红宝中圆形气泡

耐久性、可用性，使其变得美观，所以放大检查内部特征是鉴定的关键。如：热处理过的红宝石，其内部原本长而细的金红石针包裹体会变得短而粗，原本的固态包裹体会在周围产生加热后的爆裂纹；玻璃充填的红宝石，放大检查可以看见圆形的气泡，裂隙里有散发红紫色的闪光。

玻璃充填红宝石

评价彩宝质量的重要指标

宝石的包体存在有时会增加它的价值，如一块无色透明的水晶和里面长满绿色、茂密、金字塔形绿泥石包裹体的“绿幽灵”水晶，价格相差很大。但是宝石的包体多数会影响宝石的价值，宝石一项重要的评价指标净度：就是指包裹体数量、大小、位置、明显程度、对比状况对宝石的影响。多数情况下，透明、纯净的宝石价格最高。但是不同种类的宝石它的净度衡量指标是不一样的，比如祖母绿、红碧玺内部包裹体天生就很丰富，海蓝宝石、托帕石很干净、通常没有明显的瑕疵。

绿幽灵中的绿泥石包体

托帕石内部很纯净

另外，宝石的特征包裹体可以来判定宝石的产地，相同种类的宝石，是不同的产地，价格差异也比较大。如：祖母绿里有含有立方体石盐的三相包裹体，可以判定是名贵的哥伦比亚祖母绿。

高档祖母绿饰品也能肉眼看到包体

我们还可以利用包裹体的情况，进行合理的利用、巧妙地加工，展示它的独特性、产生更漂亮的效果。比如：含有定向排列的纤维状包裹体的，可以加工为猫眼。

懂点彩宝的加工

选购彩宝饰品必不可少的常识

宝石的评价指标中，有一个很重要的指标就是切工，切磨的工艺。古语说：“玉不琢不成器”，宝石和玉石一样，原石并不能显示出宝石的美丽，必须充分利用宝石的自然条件，经过仔细的观察、精巧的计算设计，找到准确的切割比例和角度，运用独具匠心的琢磨和镶嵌，完美地展示彩色宝石的颜色、色彩、火彩，尽量地消除或掩盖其缺陷、保持纯净，最大限度保留重量。比

蓝晶石猫眼项链

如：海蓝宝石颜色较淡、透明度高，常被加工成祖母绿型；绿色的碧玺二色性较强，常选择祖母绿型切工，用台面展示它颜色较鲜艳的一个方向。

世界四大钻石加工中心：主要加工优质大钻石的美国纽约，加工品种齐全、包括特效钻石的比利时安特卫普，加工 1~2ct 为主、以异形钻石加工见长的以色列特拉维夫，有千年加工历史、以加工小钻为主的印度孟买。

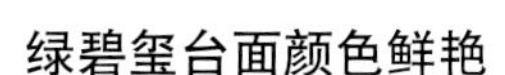

绿碧玺台面颜色鲜艳　　**绿碧玺垂直台面方向颜色很深**

宝石的重量：彩色宝石一般是按照“多少钱一克拉”来进行销售的。1 克拉（ct）=0.2 克（g），1 克（g）=5 克拉（ct），1 克拉（ct）=100 分。克拉源自希腊语，是指一种长角豆树，其果子具有近乎一致的重量，古时候起人们就用一颗果子的重量作为 1 克拉的值。在购买镶嵌彩色宝石的时候，你可以在戒指的内圈、吊坠的背面上，看到镶嵌印记标识，上面会注明贵金属的含量、主石的重量、配石的重量、品牌的标志。如：打有 Au750（75% 的黄金，即 18K）、D050（主石为 0.5ct）、d005（配石为 1.05ct）。

贵金属的镶嵌：彩色宝石不像玉石通常进行雕琢，而是常用贵金属将其稳固在托架上，形成饰品。镶嵌使用的材质通常为 K 金，最常用的是 18K 金（含 75% 的黄金 Au），可分为黄色、玫瑰金、白色，标识为 G18K；根据金含量的不同还有 9K、22K、14K 等。还有银镶嵌的，多为 S925；铂金（Pt）首饰中 Pt950、Pt900，Pt900 最为常用，常用来镶嵌钻石。

佩戴彩宝饰品更加时尚人性

彩色宝石常见的形状是刻面型，由许多具有一定几何形状的小面组成，形成一个规则的立体图案。常见的有圆多面性、玫瑰型、阶梯型、混合型四个大类。

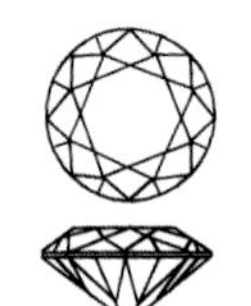

现代标准圆钻式

(Modern Brilliant)

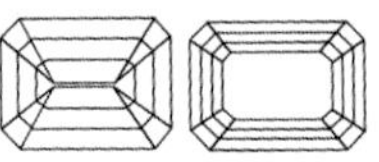
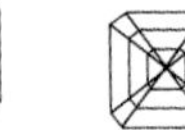
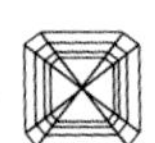

祖母绿型　祖母绿型

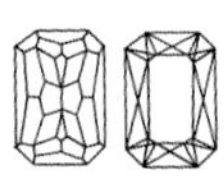

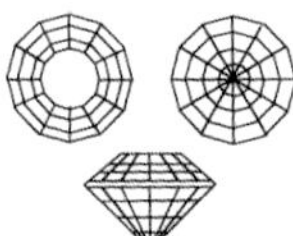

剪刀形　阶梯圆钻形　阶梯珠形

阶梯式琢型

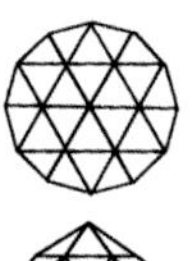

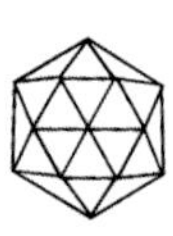
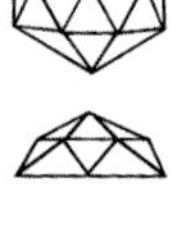

圆形玫瑰式　荷兰玫瑰式

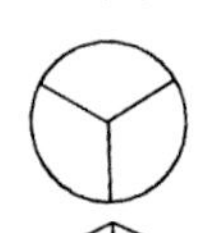

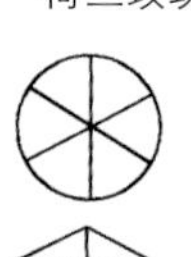

三面玫瑰式　模式玫瑰式　六面玫瑰式　安特卫普玫瑰式

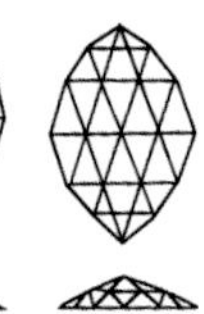

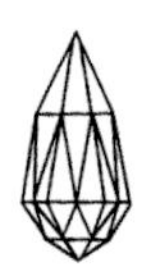

双玫瑰式　梨形玫瑰式　船形玫瑰式　水滴形玫瑰式

玫瑰式琢型

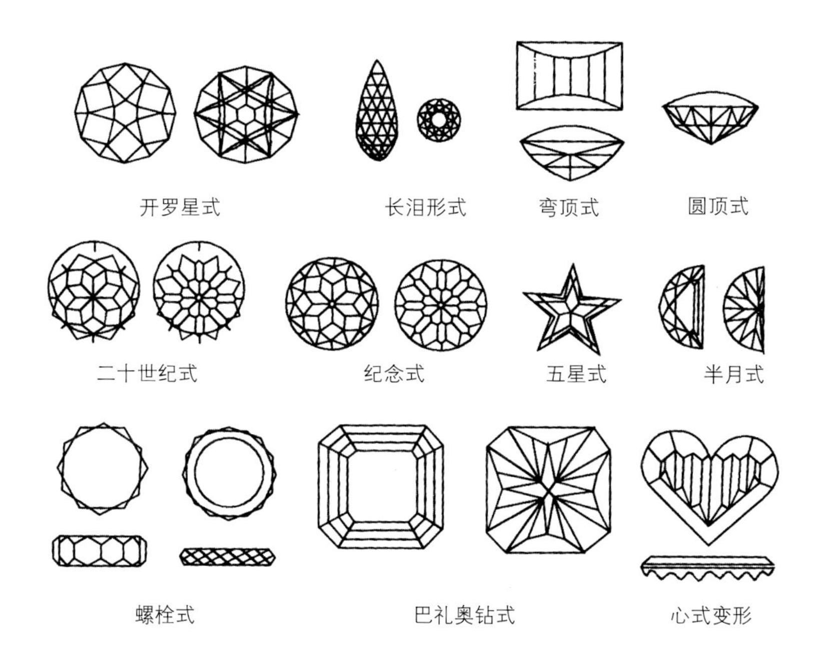

混合式琢型

由国际有色宝石协会(ICA)及亚洲博闻(UBM)联合主办的“IU 宝石设计比赛”，是首个面向全球，专为世界各国的宝石切割及首饰设计师而设的国际性比赛。其中的“宝石切割比赛”的评选准则包括创意及原创性、时尚美感、雕刻、切割、打磨及工整性。

彩色宝石还会根据其自身的特点，切磨成弧面形(比如：猫眼就必须切磨成弧面形)、珠形(比如碧玺手链珠)。

彩宝的优化、处理、人工、合成宝石

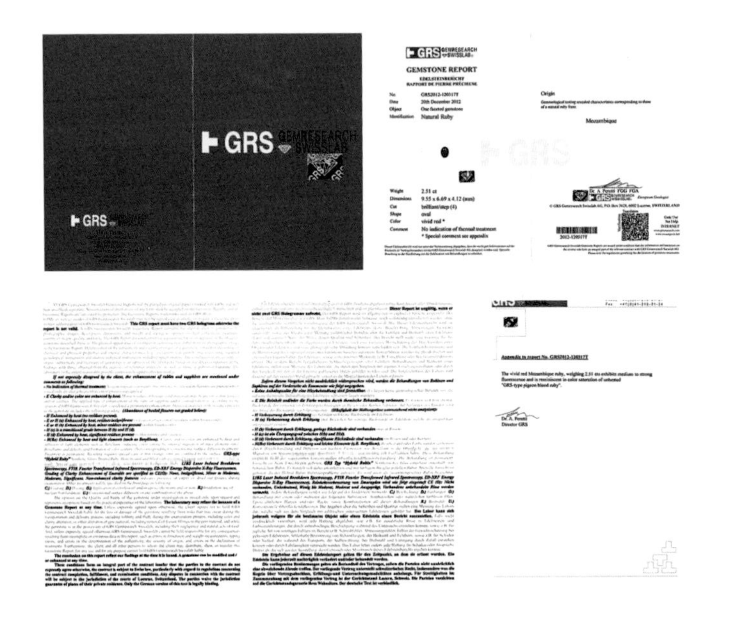

GRS GEMRESEARCH SWISSLAB

GEMSTONE REPORT

EDELSTEINBERICHT
RAPPORT DE PIERRE PRÉCIEUSE

No.	GRS2012-120517T
Date	20th December 2012
Object	One faceted gemstone
Identification	Natural Ruby
Weight	2.51 ct
Dimensions	9.55 x 6.69 x 4.12 (mm)
Cut	brilliant/step (4)
Shape	oval
Color	vivid red *
Comment	No indication of thermal treatment * Special comment see appendix

Origin

Mozambique

Dr. A. Peretti FGG FGA

2012-120517T

Appendix to report No. GRS2012-120517T

The vivid red Mozambique ruby, weighing 2.51 cts exhibits medium to strong fluorescence and is reminiscent in color saturation of unheated "GRS-type pigeon blood ruby".

Dr. A. Peretti
Director GRS

GRS瑞士珠宝研究试验所出具的纯天然鸽血红红宝石证书

大众已能接受的优化彩宝

人们通过热处理、浸无色油等方式，让宝石潜在的美显示出来，现在已经被人们广泛接受。按照我们国家的标准，经过优化的宝石，可以直接使用宝石的名称，不必标注出来。但是在国际市场中，由于人们追求天然宝石的稀少，一些其他国家对高档的彩色宝石会出具“未经过热处理”的字样，以代表它是纯天然的，非常珍贵，价格更高。

有可能出现热处理的彩色宝石有：红宝石、蓝宝石、绿柱石、海蓝宝石、锆石、水晶、坦桑石、绿柱石。

有可能出现浸无色油的宝石有：祖母绿、碧玺。

热处理前后的坦桑石原料

美容增色的处理彩宝

由于利益的驱动，科技发展后，人们还使用了浸有色油、充填（充填玻璃、塑料、聚合物、硬质材料）、浸蜡、染色、辐照、激光钻孔、覆膜、扩散、高温高压处理等方法，使宝石变得颜色鲜艳、纯净、闪亮、持久。这些处理方式尚不能被人们接受，经过鉴定发现使用了这些方法的，需要标注出经过处理，经过什么样的处理方法。

有可能出现浸有色油增加颜色的宝石有：红宝石、祖母绿、碧玺。会用染色增加颜色的宝石有：红宝石、碧玺、水晶、方解石。市场上有的颜色鲜艳的蓝宝石、猫眼、绿柱石、碧玺、托帕石、水晶、长石、方柱石、锂辉石、方解石、蓝柱石是经过辐照处理，才呈现鲜艳颜色的。钻石、绿柱石、托帕石、碧玺还会用覆膜的方式改变颜色。

染色珊瑚珠子（红色染料沿生长条带、裂隙分布）

常见的充填处理有：红宝石充填玻璃质增加透明度，祖母绿充填聚合物改善颜色、耐久性，碧玺充填玻璃质改善净度，长石浸蜡改变外观，方解石浸蜡或充填改变净度、防裂开。

红宝石、蓝宝石还有用扩散处理增加或产生星光效应，托帕石用扩散处理产生蓝色。

钻石用激光钻孔改变净度，用充填、辐照、高温高压处理改善颜色。

人类智慧的合成彩宝

人们根据已经研究出的宝石形成条件和原理，模拟大自然的生长环境、结晶状态，在实验室或工厂进行生产、制造，在自然界有已知对应宝石品种，其物理性质、化学成分、晶体结构与所对应的天然珠宝玉石基本相同的首饰及装饰材料，称为合成宝石。

早在 15 世纪，埃及人就开始制作含铅的玻璃宝石了，1908 年合成红宝石出现，目前所有的名贵宝石都可以进行人工合成。我国的人工宝石生产开始于 1958 年，从前苏联引进了焰熔法合成红宝石的生产线，刚开始是为了解决手表中机械转动过程中红宝石轴承问题。而今，我国已经成为世界著名的人工宝石生产大国，有广西梧州、山东青岛、浙江义乌三大生产销售基地。

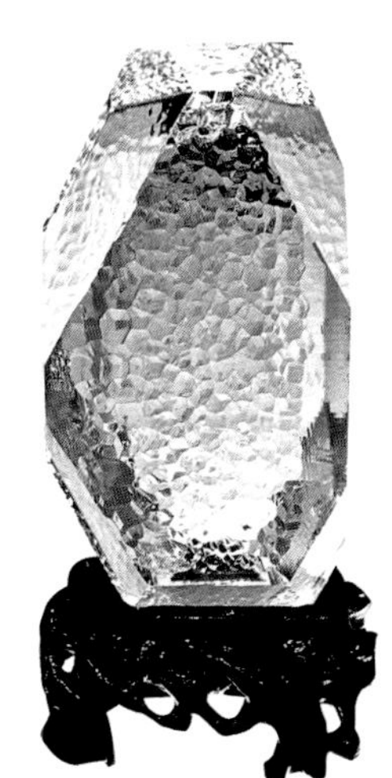

合成水晶晶体

物美价廉的人造彩宝

由人工制造且自然界无已知对应物的宝石称为人造宝石。人造宝石都具有颜色鲜艳、闪亮璀璨、纯净透明、颗粒硕大的特点。

我们常见的“水钻”，学名叫“合成立方氧化锆”，最初进入市场时被人们称为“苏联钻”，有的地方用英文缩写 CZ，也有人简称它“锆石”。它有无色、粉色、红色、黄色、橙色、蓝色、黑色很多颜色，光泽强、透明纯净、火彩闪烁，硬度为 8.5，密度比钻石大得多（5.8g/cm^3），是最常见的人造宝石，颜色丰富、火彩闪烁、价格低廉。

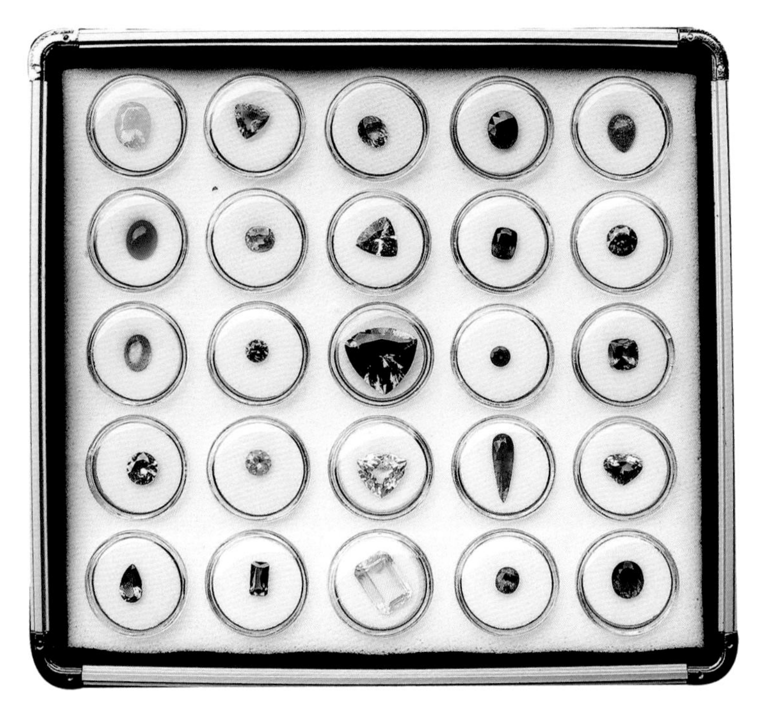

各色天然彩色宝石标本

还有像钻石一样美丽的合成碳硅石 (Synthetic Moissanite)，是最好的钻石仿制品，它的出现曾引起了宝石界的恐慌。合成碳硅石也叫莫桑石（Moissanite），其天然对应物是法国诺贝尔化学奖得主亨利·莫埃桑博士 (Dr. Henri Moissan) 大约于 1894 年在亚利桑那陨石坑中发现的一种矿物 SiC。美国诗思有限公司（Charles & Colvard）在 1997 年，将宝石级合成莫桑石研发成功并推向市场，成为这种人造宝石的全球独家供应商，以独立自主的现代女性为国际形象，代言人包括影视红星波姬·小丝、足球女将米亚·汉姆、两届奥运金牌女铁人乔依娜等。2002 年，合成碳硅石进入中国市场后，诗思公司给它赋予了一个很好听的中文译名“美神莱”，以“可以负担的奢华” (affordable luxury) 作为推广的主题词，并邀请国际名模姜培琳担任 2002 年该品牌国际代言人。合成碳硅石硬度为 9.25, 仅次于钻石，高于红蓝宝石等所有宝玉石，密度为 3.21 g/cm^3，略低于钻石，折射率 2.62，比钻石还高，色散 0.104。因此折射率，色散、光泽都比钻石好，而且有优良的韧性，经过像加工钻石那样切磨抛光后，其璀璨、瑰丽程度，比首饰钻石有过之而无不及，而且有很高的热导率，因而以前用于测试真假钻石的王牌“热导仪”对此也无能为力。随着鉴定技术的提高，现在区分这种人造宝石已经是很简单的事了，合成碳硅石以前高色级的较少，常呈现黄、灰色调，内部有时会有点状、丝状包体，双折射现象明显。

莫桑石饰品

莫桑石的刻面棱重影

还有备受人们喜欢的奥地利品牌“施华洛世奇水晶”，也是人造宝石的一种，它其实是高铅玻璃，并不是什么天然水晶或者合成水晶。现在市面上很多人造宝石饰品，色彩鲜艳、璀璨时尚、工艺精美、大粒贵气、价格实惠，深受年轻人喜爱。

彩宝的一般鉴定方法

市场买手的简易判别

肉眼观察：观察宝石的颜色、形状、透明度、光泽、特殊光学效应、内外部特征，原料还可以观察解理、断口、晶形、表面天然纹理等特征。

经验判断：颜色是否不自然、是否有颜色的二色性、内部是否具有典型的包裹体、掂重等。

实验室的常规鉴定

在检验机构的实验室里，检验人员凭借经验初步判断后，都需要上专业的检验仪器，包括一些先进的大型检验仪器上进行数据的测试、收集，对照鉴定标准的数值，出具正确的检验结果。一般进行以下指标的测试：

测试内容	使用仪器	测试指标
折射率	折射仪	折射率、双折射率
放大检查	放大镜或者显微镜	观察内外部特征
光性特征	偏光镜、折射仪、二色镜	区分均质体或非均质体、一轴晶或二轴晶、正光性或负光性
多色性	二色镜	二色性或三色性、多色性明显程度
吸收光谱	分光镜	特殊的光谱线值
紫外荧光	紫外荧光灯	不同颜色、强度的荧光
密度	天平、重液	密度值的大小
热导性	热导仪	热导率较高的宝石有反应
摩氏硬度	硬度笔	硬度（有损、不常用）
化学反应	化学试剂，如盐酸	宝石种属、是否染色（有损、不常用）
红外光谱分析	红外光谱仪	宝石种属、是否经过处理
紫外可见分光光谱分析	紫外可见分光光度计	宝石种属、组分，是否经过处理
激光拉曼光谱分析	激光拉曼光谱仪	宝石种属、包裹体的种类、是否经过处理
无损成分分析	X 射线荧光分析仪、电子探针	宝石种属、是否经过处理
阴极发光	阴极发光仪	宝石种属、内部晶体结构或生长纹

一般消费者的简易方法

索取检验证书：索取专业检验机构出具的证书，注意证书的合法性（是否是正规的检验机构出具的）、真实性（证书照片、所列重量是否和实物一致）、结果（认真阅读检测结果一栏，如出现“红宝石（处理）”代表不是天然的红宝石）。

到正规的商场购买：到正规的商场、品牌店、有信誉的珠宝店购买，不要随意在小摊贩、电视购物、出境旅游店等流动性较大的购物点购买，以免上当受骗。

开具质量保证卡、发票等凭证：请商家出具标注有正确品名的质量保证卡、发票，以免购买到假的宝石，可以请工商、质监、旅游等执法部门协助追回损失。

彩宝的一般鉴赏要素

提高你的品位

可以通过杂志、网络欣赏宝石的美丽、感受宝石的文化、了解宝石的特性、学习珠宝的鉴定。抓住有色宝石品质评价的几大指标（颜色、净度、切工、大小、产地），提高自己在彩色宝石方面的品味。

发掘你的个性

优雅的姐姐喜爱温润的葡萄石，可爱的表妹喜欢闪烁的水晶；已婚的喜欢典雅的蓝宝石，单身的喜欢粉色的粉晶；文静内秀的喜欢朦胧的月光石，热烈奔放的喜欢多彩的碧玺；文艺小青年喜欢橄榄石的柔绿，时尚的熟女喜欢的葱绿的沙弗莱石……你可以轻吟着《爱莲说》：“予独爱莲之出淤泥而不染，濯清涟而不妖，中通外直，不蔓不枝，香远益清，亭亭净植，可远观而不可亵玩焉”，找到一款自己喜爱的珠宝。

陶冶你的情操

著名影星玛丽莲·梦露曾经说过，“珠宝是女人最好的朋友，而女人却也因此成为了珠宝的奴隶。”莎士比亚说：“珠宝沉默不语，却比任何语言更能打动女人心。”彩色宝石鲜艳的颜色、璀璨的光芒、明亮的光泽、精致的镶嵌，赏心悦目，陶冶着你的情操。

丰富你的生活

拥有一件彩宝，装饰着自己美丽的生活。也许是最爱那个男人送你的钻石戒指，记载着那甜蜜的时光；也许是妈妈相传的一个红宝石吊坠，寄托着妈妈浓浓的爱意；或是和闺蜜一起在小店里淘的水晶手链，折射着青春的岁月；又或是给自己的一个大大奖励，一对坦桑石耳坠，在 Party 里闪耀登场。美丽的珠宝，闪耀在美丽的人生，丰富着你的生活。

提高班

投资彩色宝石的一些市场意见

听听专家

珠宝鉴定师：从送检样品来分析，无论是珠宝品牌，还是私人收藏，送检来的彩色宝石，过去主要是传统、单一的红宝石、蓝宝石、水晶、碧玺，现在大量出现了的葡萄石、坦桑石、沙弗莱石，品种的丰富折射出人们对彩色宝石的需求。但是我们也检验到一些合成、处理的宝石，当你在购买时，遇到颜色很鲜艳、颗粒很巨大、价格很便宜的宝石时，无论商家和你说是大促销，还是说是产地直销，你都需要心底里打个问号，宝石不是稀有吗？宝石不是很贵吗？请你送到权威的检测机构检验后，再购买。

彩宝收藏家：经过多年的销售商推广之后，国内渐渐接受了彩色宝石，彩宝市场正在步入量价齐升的快速成长期，彩色宝石的收藏潜力也引发了越来越多收藏投资者来关注。购买彩色宝石分为两种：修饰佩戴和投资收藏，多数人还是属于前者，要有一定经济实力和鉴赏能力的人才能达到投资收藏。无论是修饰还是收藏，都要把握好两个方面：一是美丽，彩色宝石的品质通常看颜色、净度、切工、大小、产地几个指标，当然一些品种还需要考虑特殊光学效应、产地等因素。二是价位，品牌专卖店信誉有保证、款式独特、有品牌价值，有稳定的价格体系；彩宝专业市场，多为有经验的珠宝商去世界宝石集散地采买而来，货品较为丰富，不同种类、不同品质分级很详细，你需要货比三家；珠宝专业展会云集国内外彩色宝石的经销商，如果你英文足够好，懂一点彩宝知识，一定能买到便宜、价优的好宝石。

品牌经销商：据网络调查，中国最受网上购物人群关注的五种彩色宝石品种依次为海蓝宝、红宝石、蓝宝石、碧玺和祖母绿，而这些品种也正是目前国际上最流行的宝石品种，充分反映国内彩色宝石消费文化也已经开始与国际接轨。目前国内珠宝柜台中销量最大的宝石品种仍然是钻石和翡翠，但红、蓝宝石等彩色宝石继黄金、钻石和玉石之后已经成为商场珠宝销售的主力之一，其市场价格目前还处于“养在深闺人未识”的阶段，具有很大的上升潜力。我们十分看好彩色宝石在未来市场中的销售潜力，将开展一系列的彩色宝石推广活动。

珠宝设计师：在珠宝这个个性化的世界里，自身的喜好尤为重要，你可以根据你的经济能力、颜色的偏好、佩戴的场合来选择宝石，彩色宝石丰富多彩，宛如一个色彩天然的调色板，极富异国情调，让人充满各种好奇和期待。你也可以收集不同颜色的宝石，让它们配合在一件首饰上，颜色互相交融，引人入胜，更有非凡的寓意，透露着一个个美丽的故事。

星相学家：宝石对人类的影响分为物质身体及灵性精神二方面，一颗宝石可以改善你生命中任何领域的问题，包括了：运气、健康、职业、财务、感情问题、人际关系、小孩和他们的教育等等。古典星象学资料记载，红宝石的能量来自太阳，黄色的蓝宝石能量来自木星，祖母绿宝石能量来自水星，钻石能量来自金星，蓝色的蓝宝石能量来自土星，不论是行星或是宝石，其中都蕴藏着巨大的能量。所使用的宝石最好是非常高品质的、纯粹无杂质的和无裂痕无瑕疵的。这些有功效，且美丽的宝石，是色泽（Color）、净度（Clarity）、克拉（Carat）、切工（Cutting）、珍贵产地的完美组合。

跟跟潮人

有人说，女人一生至少需要三个朋友，一位是能干知性的姐姐，她教你为人之道；一位是善解人意的闺蜜，她听你诉说心里话；一位是时尚精灵的小妹，她教你追上潮流的步伐。彩色宝石是西方舶来的一种时尚，无论你是信它背后的星座文化，还是喜欢它闪耀的明亮奔放，来吧，跟上最新的潮流步伐，东方含蓄内敛的你，需要一款款彩色宝石点缀你多彩的生活。

听听感觉

买一颗自己喜欢的彩宝，你需要拥有行家般的专业、商人般的精明、星探的眼光、八卦记者的消息灵通，相信自己的感觉，追求你独特的个性，将落入你眼帘、拔也拔不出来、感叹着“毒物、毒物”的那一颗彩宝拿下。

修饰自己

你可以戴上典雅的蓝宝石耳坠出现在会议室，也可以颈上轻吊高贵热烈的红宝石吊坠闪耀在电脑前，你还可以在敲打键盘的指间上闪耀着璀璨光亮的钻石戒指，也可以有一条各色蓝宝石搭配的手链摇动在腕间。让你喜爱的珠宝，相配你的气场。

投资增值

2000 年的时候，买一颗 5×7 的缅甸红宝石戒面只要 200 元，那时的金价 70 元 / 克。2012 年，买一颗 5×7 的缅甸红宝石戒面却要 8000 元，此时的金价 400 元 / 克。彩色宝石艳丽、稀少，越来越受人们的喜爱，增值空间巨大。

收藏赏玩

驻足、欣赏、讨价还价、把玩、收藏，这是藏家藏宝的一个过程。每个人心中宝贝的含义、程度都是不一样的，你可以荡漾在彩色宝石美丽的世界里，这里有五颜六色的色调，有璀璨晶莹的光彩，你可以欣赏它多变的包裹体，可以沉迷它不同的刻面，还可以去探究它悠久的历史、浪漫的故事、背后的星座文化，由于沉浸所以积淀，而后有了你收藏的快乐心情。

工具班

工具、知识作补充

备点小工具、鉴定仪器：

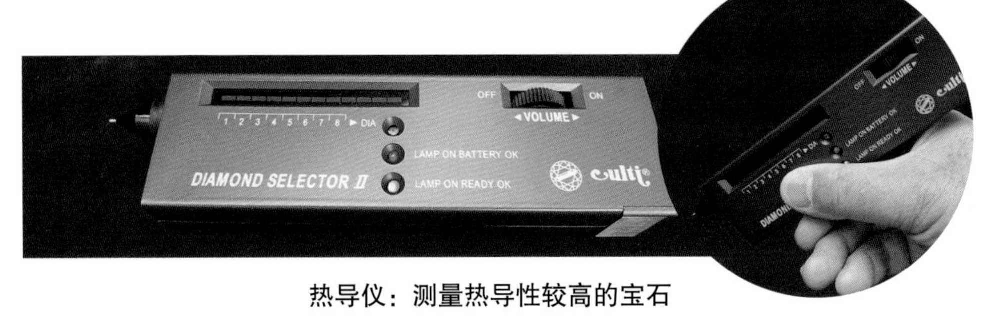

热导仪：测量热导性较高的宝石

10 倍放大镜：观察宝石内外部特征、钻石净度分级

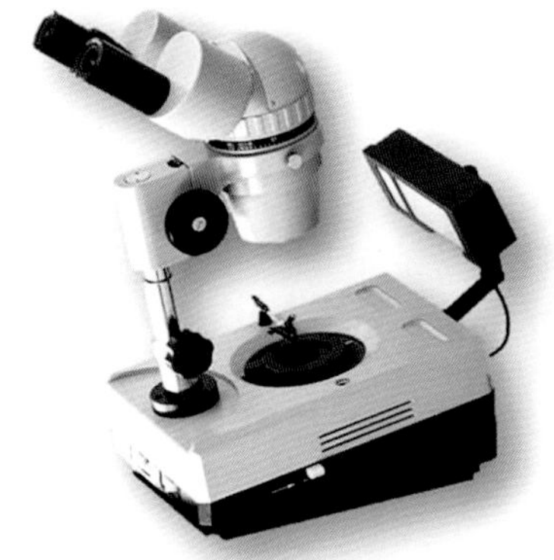

立式显微镜：观察宝石内外部特征

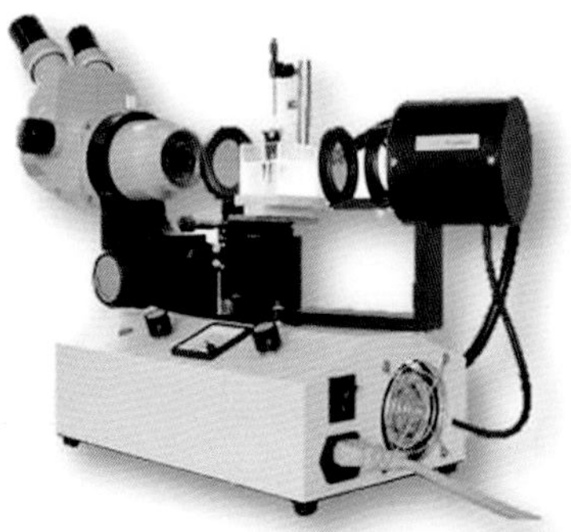

油浸式显微镜：观察宝石内部特征

折射仪：测量宝石折射率、双折射率

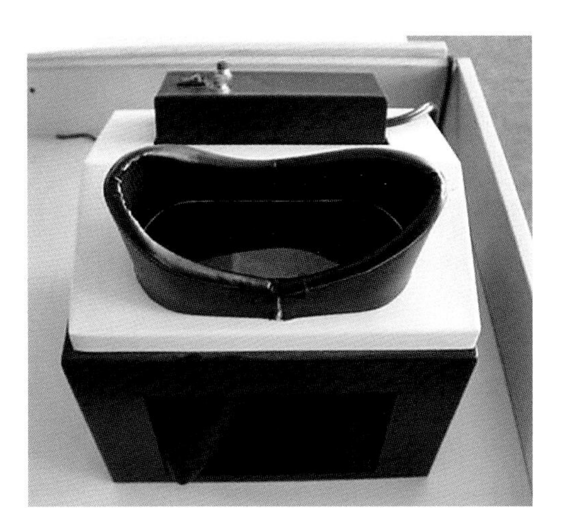

紫外荧光灯：观察宝石的紫外荧光特征

台式偏光镜：观察宝石光性特征

二色镜：观察宝石二色性

手持式分光镜：观察宝石特征吸收光谱

台式分光镜：观察宝石特征吸收光谱

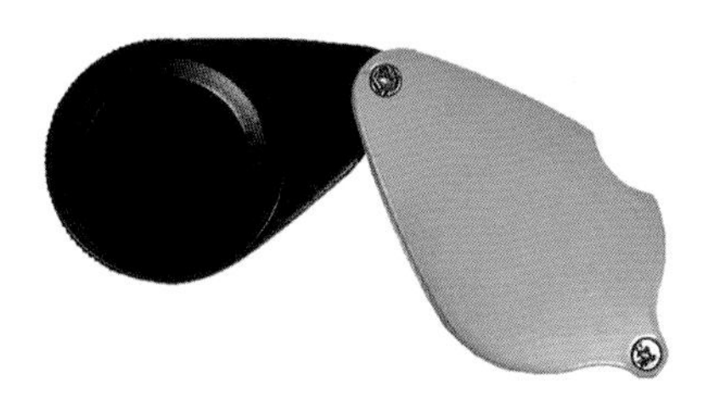

查尔斯滤色镜：观察一些宝石的特殊特征

电子天平：测量宝石的重量，计算密度值大小

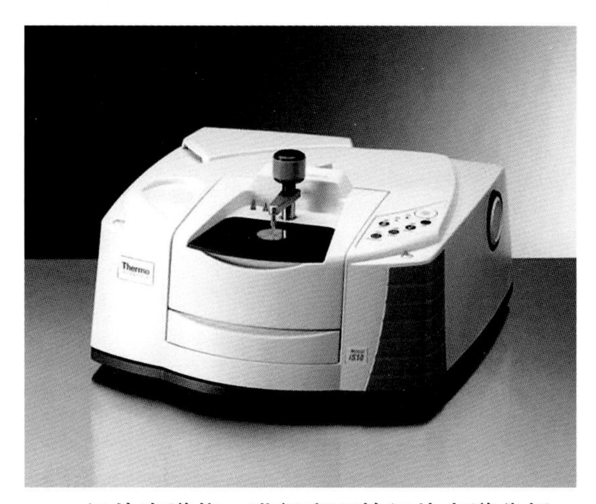

红外光谱仪：进行宝石的红外光谱分析，确定宝石种属、是否经过处理

X 射线荧光分析仪：进行宝石的无损成分分析、贵金属含量检测

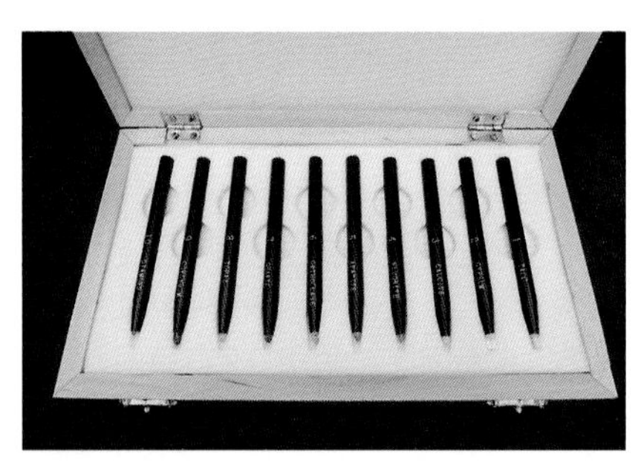

硬度笔：测试不同硬度的宝石

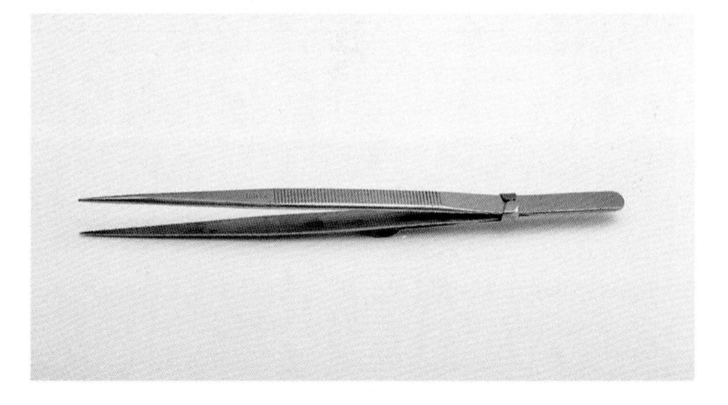

宝石镊子：夹持裸石

证书小知识

1. 鉴定机构

据不完全统计，我国有近百家专业的检测机构，面向社会各界开展珠宝玉石、贵金属、镶嵌饰品的检验、研究、评价工作。

国家级检测机构：

国土资源部珠宝玉石首饰管理中心（NGTC）隶属于国土资源部，下设北京、上海、深圳、番禺、昆明实验室。

网址：http://www.ngtc.gov.cn/

各省、自治州、直辖市技术监督局下设的检测机构：

云南省珠宝玉石质量监督检验研究院（GIYN）隶属于云南省质量技术监督局，在昆明市区多处设有咨询站点。

网址：http://www.giyn.net

浙江省黄金珠宝饰品质量检验中心

国家劳动部珠宝首饰行业技能鉴定008站

公正高效　沟通互动　诚信服务

浙江省黄金珠宝饰品质量检验中心（GGC）隶属于浙江省技术监督局，在深圳设有办事处。

网址：http://www.fytest.com

广东产品质量监督检验研究院
Guangdong Testing Institute of Product Quality Supervision

【广东南方珠宝研究院】

广东省质量监督金银珠宝玉石检验站
Guangdong Quality Supervision and Testing Station for Gold,Silver,Jewels and Jades

广东省质量监督金银珠宝玉石检验站隶属于广东省质量技术监督局产品质量监督检验研究院。

网址：http://nanyue.020ym.com

瑞丽监测站

德宏州质量技术监督局

德宏州质量技术监督瑞丽监测站前身为云南省珠宝玉石检验中心瑞丽分中心，总部设在瑞丽。

网址为：http://www.gir99.com

各省、自治州、直辖市地矿部门下设的检测机构：

云南地矿珠宝检测中心

www.ydkjc.com

云南地矿珠宝检测中心（YDKJC）是云南省地质矿产勘查开发局下属的技术服务机构，实验室设在昆明市内。

网址 http://www.ydkjc.com

广东省珠宝玉石及贵金属检测中心
Guangdong Gemstone & Precious Metals Testing Center
广东省质量监督珠宝贵金属产品检验站
Guangdong Jewelry & Precious Metals Quality Supervision Station
广东省珠宝首饰国家职业技能鉴定所
Guangdong Jewelry National Vocational Skills Certification
广东省科普教育基地
Guangdong Popular Science Education Base

广东省珠宝玉石及贵金属检测中心（GTC）隶属于广东省地调局，总部设在广州，下设荔湾、番禺、平洲、东莞、四会、深圳、揭阳办事处。

网址：http://www.gtc-china.cn

一些高校设立的检测机构：

中国地质大学（武汉）珠宝检测中心（GIC），也称湖北省珠宝质量监督检验站、武汉市产品质量监督检验珠宝站，隶属于中国地质大学（武汉）珠宝学院。总部设在武汉，在深圳、广州、汉口设有分站。

网址为：http://www.gic.cug.edu.cn

云南省分析测试中心
——昆明理工大学分析测试研究中心

云南省金银饰品质量监督检验站隶属于昆明理工大、云南省分析测试中心，总部设在昆明。

网址为：http://www.ynatc.cn

2. 证书合法性

合法的检验机构必须具备“CMA 计量认证”标志。

计量认证是我国通过计量立法，对为社会出具公证数据的检验机构（实验室）进行强制考核的一种手段，经计量认证合格的产品质量检验机构所提供的数据，用于贸易出证、产品质量评价、成果鉴定作为公证数据，具有法律效力。

具有 CAL 审查认可标志的实验室可以实施市场监督检查。

审查认可是国家认监委和地方质检部门依据有关法律、行政法规的规定，对承担产品是否符合标准的检验任务和承担其他标准实施监督检验任务的检验机构的检测能力以及质量体系进行的审查。

国内最高级别实验室资质：“中国合格评定国家认可委员会”认可（CNAS）。

中国合格评定国家认可委员会，是根据《中华人民共和国认证认可条例》的规定，由国家认证认可监督管理委员会（英文缩写：CNCA）批准设立并授权的唯一国家认可机构，统一负责实施对认证机构、实验室和检查机构等相关机构的认可工作。CNAS 的宗旨是推进我国合格评定机构按照相关的标准和规范等要求加强建设，促进合格评定机构以公正的行为、科学的手段、准确的结果有效地为社会提供服务。

拥有国际互认联合标识“ILAC-MRA/CNAS”，可以进行国际互认。

联合标识，国际实验室认可合作组织（ILAC) 表明相关国家（或经济体）认可机构所实施的认可制度已正式签署了多边互认协议的图形标识，简称 ILAC-MRA 标识。ILAC-MRA 标识和 CNAS 合一起，表明合格评定机构通过 CNAS 认可的同时也可得

到国际同行的承认，出具的检测或校准的数据与报告可被其他与 CNAS 签署互认协议的认可机构所在的国家 / 地区承认和接受，从而减少区域内成员国间的非关税技术性贸易壁垒。目前我国已与其他 43 个国家和地区的质管理体系认证和环境管理体系认证的认可机构签署了互认协议，已与其他国家和地区的 64 个实验室认可机构签署了互认协议。

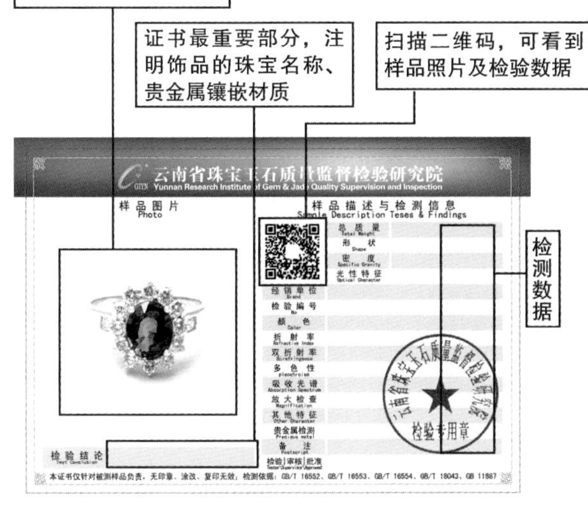

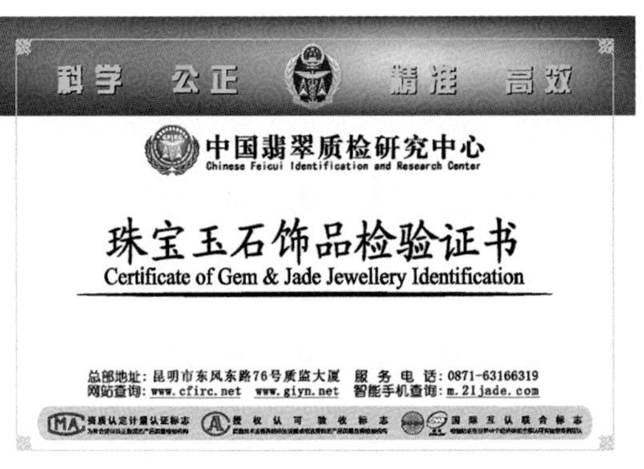

3. 证书内容

以云南珠宝院证书为例，当你拿到一份货品配备的证书时，你需要仔细看以下内容：

检验结论：检查货品是否和商家销售承诺的名称一致，是购买货品的质量保证。

质量、照片：核对货品是否与证书一致，避免偷梁换柱。

合法性标志：看实验室是否合法、权威，检测结果才有真实性。

保养小常识

避免碰撞：彩色宝石虽然硬度高，可以抵抗日常佩戴中一般情况下的磨蚀，但大多数宝石性脆或者天生多裂多包裹体，在受到强力冲击时会沿一定的方向裂开或出现崩口，在做剧烈运动、游泳、粗重工作时，最好不要佩戴宝石首饰。

避免摩擦：多数彩色宝石硬度较高，而且都经过镶嵌，但硬度不同、互相摩擦可能会出现刮痕，最好不要将各种首饰胡乱放置在抽屉或首饰箱内，造成相互磨损。

做好检查：经常佩戴的珠宝首饰最好经常检查，查看宝石磨损的程度、是否有撞击，金属爪端可能有摇动、松脱现象。如果发现爪中的宝石有松动，最好停止佩戴、送回商家维护。

避免干燥：多数宝石的化学性质是稳定的，但欧泊害怕失去水分，所以保存时要避免阳光直接照射，或陈设在温度过高处，佩戴时使用电吹风等。

小心腐蚀：多数宝石的化学性质是稳定的，但是香水、洗涤剂等化学试剂可能会对金属镶嵌部分产生影响。

适当清洗：性质温和的肥皂和软毛刷对清洁首饰非常有用，化学性质不稳定的宝石最好使用清水。牙膏含有硅磨料，需避免使用；超声波清洗机有可能在震荡过程中使宝石内部潜在的裂纹加深，最好不要用。清洁宝石时，要塞住水盆下水口，或用大碗盛宝石，避免首饰从手中滑落时掉入下水道。

4. 培训机构（学校、机构）

你可能对彩宝很感兴趣，你可能已经为彩宝神魂颠倒，你可能渴望接受系统的学习，你可能希望能进入到这个行业，那么你可以通过不同机构的培训，获取系统、专业的知识。在各地的检测站、高校均由开设翡翠、钻石、彩色宝石、营销、设计方面的兴趣短期培训班。

5. 执业资格

目前在我国权威性最高的珠宝职业资格是：中国珠宝玉石质量检验师（CGC），也称国家注册珠宝玉石质检师、简称“国检师”。它是经全国统一考试合格，由国家质量监督检验检疫局、人事部认定，在国家质量监督检验检疫局注册的职业资格。

每 2 年举办一次考试，可在国土资源部珠宝玉石首饰管理中心下属的国检珠宝培训中心（National Gemological Training Centre, 简称 NGTC）、武汉珠宝学院进行考前培训。

多数国检师都在检测实验室里工作，CNAS 实验室规定，每个实验室最少要有 2 名国检师。

中华人民共和国

珠宝玉石质量检验师注册证

CGC

注册证编号: 滇—2012—B—****
资格证书编号: *******
合格人员编号: HG*******

照片

XXX 具备珠宝玉石质量检验师执业资格
并经珠宝玉石质量检验师注册登记，特发此证。

执业单位:
有效日期: 年 月至 年 月

国家质量监督检验检疫总局
年 月

6. 职业资格

由国家人力和社会保障部颁发的“珠宝首饰行业职业资格证书”分为“钻石检验员”“宝玉石检验员”“珠宝首饰营业员”“贵金属首饰手工制作工”等种类，分为初级（五级）、中级（四级）、高级（三级）、技师（二级）、高级技师（一级）五个等级。

由具备条件的职业培训和职业技能鉴定机构分别承担培训和鉴定工作，通常在每个省的专业检测机构都设有培训中心，可以进行培训。

7. 行业协会

FGA 英国皇家宝石协会会员：

FGA 是英国宝石协会和宝石检测实验室 (Fellowship of Gemological Association and Gem Testing Laboratory of Great Britain) 的简称，它是世界上最老的宝石协会。 顺利通过考试的考生被授予宝石学证书，随后可申请英国宝石协会会员资格，成为会员后可以在自己姓名的后面使用 FGA 称号。通过学习钻石学课程可获得钻石学证书，成为英国宝石协会会员后 , 可以使用 DGA 称号 (Diamond Member of the FGA)。

中国大陆有中国地质大学武汉珠宝学院、中国地质大学（北京）珠宝学院、桂林理工大学、上海同济大学、广州中山大学、北京中国工美总公司高德珠宝研究所开设相关课程。

GIA 美国珠宝学院珠宝鉴定师：

美国珠宝学院(Gemological Institute of America) , 不仅是美国第一所宝石学校，同时也在全球珠宝业界广受推崇，被认同的珠宝钻石鉴定机构之一。

国检珠宝培训中心 NGTC 是美国宝石学院（GIA）在中国大陆唯一的合作伙伴。

GIG 宝石专家头衔 :

GIG（Asian Gemmological Industry Association Geosciences Accreditation Commission）是亚洲宝石协会的简称，是亚太地区一家独立的非盈利性组织，专注于彩色宝石和地方玉石的研究，积极倡导彩宝和地方玉石的分级标准并开展第三方检测，同时针对宝石从业人士进行资格认定，严格审核，对符合条件的专业人士授予宝石专家头衔 , 是国际上享有最高声誉的宝石鉴定师资格商业证书之一。

IGI 比利时珠宝学院珠宝鉴定师 :

IGI (International Gemological Institute）成立于 1975 年的世界钻石中心比利时的安特卫普，是目前世界上最大的独立宝石学鉴定实验室和宝石学研究教育机构，在全球各大钻石交易中心和中心城市（安特卫普、纽约、多伦多、迪拜、东京、香港、特拉维夫、洛杉矶、孟买）设有 15 个实验室和学校，目前全球超过 96 个国家的宝石学人士接受 IGI 的实验室以及教育科研服务。

NGTC 国检培训中心鉴定师：

NGTC 国检培训中心培训（National Gemological Training Centre）隶属于国土

资源部珠宝玉石首饰管理中心，长期以来一直致力于珠宝职业教育和国家珠宝玉石标准的推广和普及工作。承担着国家人事部和财政部全国注册珠宝玉石质检师（CGC）和注册（珠宝）资产评估师（CPVG）执业资格的培训，以及劳动和社会保障部钻石检验员、宝玉石检验员、珠宝首饰营业员和贵金属首饰手工制作工等职业资格的培训工作。

GIC 中国地质大学珠宝鉴定师：

“GIC”是中国地质大学（武汉）珠宝学院英文名称的缩写。通常所说的 GIC 证书指的是“GIC 珠宝鉴定师资格证书”，它包括“GIC 宝石学证书”和“GIC 钻石分级学证书”。宝石证和钻石证是可以单独学习、获得。珠宝学院在浙江、深圳、河北、江苏、上海、山东、杭州、西安、昆明、安徽、台湾、北京、河南、山西、广州有合作办学点，不定期开班。

8. 学历教育

在全国的高校、职业学校都设有珠宝鉴定、营销、设计等专业，主要有：中国地质大学（北京）、中国地质大学（武汉）、中国地质大学（保定）、桂林理工大学、上海同济大学、广州中山大学、昆明理工大学、长春工程学院、长安大学、昆明国土资源学校、河北石家庄经济学院、昆明科技职业学校、大理学院、保山学院、湖北国土资源职业学院、昆明冶金高等专科学校、昆明旅游学校、深圳职业技术学院、番禺职业技术学院等。

9. 兴趣爱好

可以通过书籍、杂志、网站等进行自学。

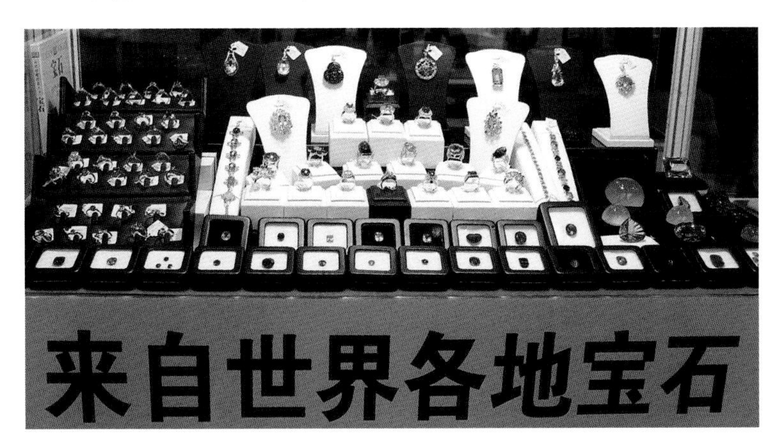

世界著名彩宝品牌

宝诗龙　BOUCHERON　法国 http://cn.boucheron.com	格拉芙　GRAFF　英国 http://www.graffdiamonds.com
宝格丽　BVLGARI　意大利 http://zh-cn.bulgari.com	海瑞温斯顿　HAPPY WINSTON　美国 http://www.harrywinston.com/
卡地亚　CARTIER　法国 http://www.cartier.cn/	莱丽　LALIQUE　法国 http://www.cristallalique.fr/
香奈儿　CHANEL　法国 www.Chanel.com	路易威登　LOUIS VUITTON　法国 www.louisvuitton.com
尚美巴黎　CHAUMET　法国 http://www.chaumet.com/	御木本　MIKIMOTO　日本 http://www.Mikimoto.com/
萧邦　CHOPARD　瑞士 http://www.chopard.com/	伯爵　PIAGET　瑞士 http://www.piaget.com/
迪奥　DIOR　法国 http://www.dior.cn/	宝曼兰朵　POMELLATO　意大利 http://www.pomellato.com/cn/
法贝热　Faberg é　俄罗斯 http://www.faberge.com	蒂芙尼 TIFFANY　美国 http://www.tiffany.cn/
乔治杰生　GEORG JENSEN　丹麦 http://www.georgjensen.com/	梵克雅宝 VAN CLEEF&ARPELS　法国 http://www.vancleef-arpels.com/

恩佐 ENZO 美国
http://ecom.enzo-jewelry.com/

谢瑞麟 TSL 香港
http://www.tsljewellery.com

施华洛世奇 SWAROVSKI 奥地利
http://www.swarovski.com/

戴比尔斯钻石珠宝 De Beers Diamond Jewellers 英国
http://www.debeers.com/

周大福 Chow Tai Fook 香港
www.chowtaifook.com

永恒印记 Forevermark 英国
http://www.forevermark.com/zh-cn/

达米雅妮 DAMIANI 意大利
http://www.damiani.com/

胡茵菲品牌珠宝 (Anna Hu) 美国
www.anna-hu.com/

蒂爵 DERIER 法国
http://www.derier.com.cn/

露露·弗罗斯特 Lulu Frost 美国
http://lulufrost.com/

夏利豪 CHARRIOL 法国
http://www.charriol.com/

杰拉德珠宝 Garrard 英国
http://www.garrard.com

芙丽芙丽 Folli Follie 希腊
http://www.follifollie.com.cn（中文）

尼尔连 Neil Lane 美国
http://www.neillanejewelry.com/

爱伦斯特 ancient ANCIENT 意大利
http://www.ancient.com.cn/

澜珠宝 LAN 中国
http://www.lanjewellery.com/

潘多拉 PANDORA 丹麦
http://www.pandora.net/

仙路珠宝 Sinojewel 中国
http://www.sinojewel.com

国际知名珠宝展会

名称	地点	时间
中国国际珠宝展 （China internation Jewellery Fair）	北京中国国际展览中心	12月
上海国际珠宝首饰展览会 （Jewellery Shanghai）	上海浦东上海世博展览馆	5月
深圳国际黄金珠宝玉石展览会 （China internation Gold，Jewellery & Gem Fair，Shenzhen）	深圳会展中心	2月、9月
中国昆明泛亚石博览会 （CHINA KUNMING PAN-ASIA STONE EXPO）	昆明国际会展中心	7月10日
中国（长沙）国际矿物宝石博览会 (CHINA(CHANGSHA) MINERAL & GEM SHOW)	湖南国际会展中心	5月
香港国际珠宝展 (HONG KONG INTERNATIONAL JEWELLERY SHOW)	香港会议展览中心	3月
美国图桑国际宝石矿物展览会 （AGTA GemFair Tucson）	美国图桑会议展览中心	2月
美国拉斯维加斯珠宝展 （G.L.D.A . Las Vegas Gems & Jewelery Show）	美国拉斯维加斯曼德勒海湾酒店会议中心	5月
泰国曼谷珠宝展 （Bangkok Gems & Jewelery Fair）	泰国曼谷 IMPACT 展览中心	2月、9月
瑞士巴塞尔国际钟表珠宝展 (Basel World)	瑞士巴塞尔 BASELWORLD(巴塞尔世界）	4月

宝玉石英文名称、密度、硬度、折射率一览表

中文名	英文名	密度（g/cm³）	硬度	折射率	页码
锡石	Cassiterite	6.87 ~ 7.03	6 ~ 7	1.997 ~ 2.093（+0.009，−0.006）	103
锆石	Zircon	3.90 ~ 4.73	6 ~ 7.5	高型：1.925 ~ 1.984（± 0.040）	94
红宝石	Ruby	3.95 ~ 4.10	9	1.762 ~ 1.770（+0.009, − 0.005）	63
蓝宝石	Sapphire	3.95 ~ 4.10	9	1.762 ~ 1.770（+0.009, − 0.005）	65
石榴石	Garnet	3.50 ~ 4.30	7 ~ 8	铝质系列 1.710 ~ 1.830 钙质系列 1.734 ~ 1.940	88
镁铝榴石	Pyrope	3.62 ~ 3.87		1.714 ~ 1.742, 常见 1.74	
红榴石	Rhodonite				
铁铝榴石（贵榴石）	Almandine (Almandite)	3.93 ~ 4.30		1.790（±0.030）	
锰铝榴石	Spessartite	4.12 ~ 4.20		1.810（+0.04, − 0.020）	
钙铝榴石	Grossularite	3.57 ~ 3.73		1.740（+0.020, − 0.010）	
桂榴石	Hessonite				
沙弗莱石（铬钒钙铝榴石）	Tsavolite(Tsavorite)				
钙铁榴石	Andradite	3.81 ~ 3.87		1.888（+0.007, − 0.033）	
黑榴石（含 Ti 钙铁榴石）	Melanite				
翠榴石（含 Cr 钙铁榴石）	Demantoid				
钙铬榴石	Uvarovite	3.72 ~ 3.78		1.85（±0.030）	
水钙铝榴石	Hydrogrossular	3.15 ~ 3.55	7	1.720（+0.010，− 0.050）	
金绿宝石	Chrysoberyl	3.71 ~ 3.75	8 ~ 8.5	1.746 ~ 1.755（+0.004，− 0.006）	69
孔雀石	Malachite	3.25 ~ 4.10	3.5 ~ 4	1.655 ~ 1.909	116
蓝晶石	Kyanite	3.56 ~ 3.69	6 ~ 7	1.716 ~ 1.731（± 0.004）	97
尖晶石	Spinel	3.57 ~ 3.60	8	1.718（+0.017, −0.008）	77
红纹石（菱锰矿）	Rhodochrosite	3.45 ~ 3.70	3 ~ 5	1.597 ~ 1.817（± 0.003）	105
蔷薇辉石	Rhodonite	3.30 ~ 3.76	5.5 ~ 6.5	点测 1.73	121
托帕石（黄玉）	Topaz	3.49 ~ 3.57	8	1.619 ~ 1.627（± 0.010）	91
钻石	Diamond	3.51 ~ 3.53	10	2.417	56
异极矿	Hemimorphite	3.4 ~ 3.5	4.5 ~ 5	点测 1.62、1.63	118
坦桑石（黝帘石）	tanzanite(zoisite)	3.10 ~ 3.45	6 ~ 7	1.691 ~ 1.700（±0.005）	71
橄榄石	Peridot	3.27 ~ 3.48	6.5 ~ 7	1.654 ~ 1.690（± 0.020）	90
磷灰石	Apatite	3.18 ~ 3.35	5	1.634 ~ 1.638（+0.062，−0.006）	98

续表

<table>
<tr><td>矽线石</td><td>Sillimanite</td><td>3.14 ~ 3.27</td><td>6 ~ 7.5</td><td>1.659 ~ 1.680
（+0.004，-0.006），点测 1.66</td><td>101</td></tr>
<tr><td>辉石</td><td>Pyroxene</td><td>3.10 ~ 3.52</td><td>5 ~ 6</td><td>1.660 ~ 1.772</td><td rowspan="6">99</td></tr>
<tr><td>锂辉石</td><td>Spodumene</td><td>3.15 ~ 3.21</td><td>6.5 ~ 7</td><td>1.660 ~ 1.676（ ± 0.005 ）</td></tr>
<tr><td>透辉石</td><td>Diopside</td><td>3.22 ~ 3.40</td><td rowspan="3">5 ~ 6</td><td>1.675 ~ 1.701
（+0.029，-0.010）点测 1.68</td></tr>
<tr><td>顽火辉石</td><td>Enstatite</td><td>3.23 ~ 3.40</td><td>1.663 ~ 1.673（ ± 0.010 ）</td></tr>
<tr><td>普通辉石</td><td>Augite</td><td>3.23 ~ 3.52</td><td>1.670 ~ 1.772</td></tr>
<tr><td>透视石</td><td>Dioptase</td><td>3.25 ~ 3.35</td><td>5</td><td>1.655 ~ 1.708（ ± 0.012 ）</td><td>104</td></tr>
<tr><td>萤石</td><td>Fluorite</td><td>3.00 ~ 3.25</td><td>4</td><td>1.434（ ± 0.001 ）</td><td>108</td></tr>
<tr><td>红柱石</td><td>Andalusite</td><td>3.13 ~ 3.21
有的可到 3.60</td><td>7 ~ 7.5</td><td>1.634 ~ 1.643（ ± 0.005 ）</td><td>102</td></tr>
<tr><td>绿松石</td><td>Turquoise</td><td>2.40 ~ 3.12</td><td>5 ~ 6</td><td>点测 1.61</td><td>111</td></tr>
<tr><td>碧玺（电气石）</td><td>Tourmaline</td><td>3.00 ~ 3.26</td><td>7 ~ 8</td><td>1.624 ~ 1.644
（ +0.011，- 0.009 ）</td><td>73</td></tr>
<tr><td>青金石</td><td>Lapis lazuli</td><td>2.50 ~ 3.00</td><td>5 ~ 6</td><td>点测 1.50</td><td>112</td></tr>
<tr><td>葡萄石</td><td>Prehnite</td><td>2.80 ~ 2.95</td><td>6 ~ 6.5</td><td>1.616 ~ 1.649
（ +0.016，- 0.031 ）</td><td>75</td></tr>
<tr><td>丁香紫玉
（锂云母岩）</td><td>Lepidolite</td><td>2.8 ~ 2.9</td><td>2 ~ 3</td><td>点测 1.54 ~ 1.56</td><td>120</td></tr>
<tr><td>祖母绿</td><td>Emerald</td><td>2.67 ~ 2.90
常为 2.72</td><td>7.5 ~ 8</td><td>1.577 ~ 1.583（ ±0.017 ）</td><td>67</td></tr>
<tr><td>绿柱石</td><td>Beryl</td><td rowspan="4">2.67 ~ 2.90</td><td rowspan="4">7.5 ~ 8</td><td rowspan="4">1.577 ~ 1.583（ ± 0.017 ）</td><td rowspan="4">79</td></tr>
<tr><td>海蓝宝石</td><td>Aquamarine</td></tr>
<tr><td>摩根石
（粉红绿柱石）</td><td>Morganite（pink beryl)</td></tr>
<tr><td>晶黄宝
（金黄色绿柱石）</td><td>Heliodor</td></tr>
<tr><td>贝壳</td><td>Shell</td><td rowspan="4">2.70 ~ 2.89</td><td rowspan="4">3 ~ 4</td><td rowspan="4">1.530 ~ 1.685</td><td rowspan="4">122</td></tr>
<tr><td>砗磲</td><td>Tridacna Shell</td></tr>
<tr><td>鲍鱼贝</td><td>Abalone Shell</td></tr>
<tr><td>海螺珠</td><td>Conch Pearls</td></tr>
<tr><td>海纹石</td><td>Copper Pectolite、Larimar</td><td>2.7 ~ 2.8</td><td>4 ~ 5</td><td>1.59 ~ 1.63</td><td>115</td></tr>
<tr><td>苏纪石（舒俱来石）</td><td>Sugilite</td><td>2.69 ~ 2.79</td><td>5.5 ~ 6.5</td><td>点测 1.61</td><td>113</td></tr>
<tr><td>方柱石</td><td>Scapolite</td><td>2.60 ~ 2.74</td><td>6 ~ 6.5</td><td>1.550 ~ 1.564
（ +0.015，-0.014 ）</td><td>96</td></tr>
<tr><td>石英（水晶）</td><td>Rock crystal(Quartz)</td><td rowspan="6">2.64 ~ 2.69</td><td rowspan="6">7</td><td rowspan="6">1.544 ~ 1.553</td><td rowspan="6">81</td></tr>
<tr><td>紫晶</td><td>Amethyst</td></tr>
<tr><td>黄晶</td><td>Citrine</td></tr>
<tr><td>烟晶</td><td>Smoky quartz</td></tr>
<tr><td>绿水晶</td><td>Green quartz</td></tr>
<tr><td>芙蓉石</td><td>Rose quartz</td></tr>
<tr><td>堇青石</td><td>Ilolite</td><td>2.56 ~ 2.66</td><td>7 ~ 7.5</td><td>1.542 ~ 1.551
（ +0.045，- 0.011 ）</td><td>95</td></tr>
</table>

续表

查罗石	Charoite	2.54 ~ 2.78	5 ~ 6	1.550 ~ 1.559（ ± 0.002 ）	114
玉髓、玛瑙	Chalcedony、Agate	2.55 ~ 2.71	6.5 ~ 7	1.544 ~ 1.553，点测 1.53 或 1.54	107
长石	Feldspar	2.55 ~ 2.75	6 ~ 6.5	1.51 ~ 1.57	92
月光石	Moonstone	2.55 ~ 2.61		1.518 ~ 1.526，（ ± 0.010）	
日光石	Sunstone	2.62 ~ 2.67		1.537 ~ 1.547（ +0.004 ，– 0.006 ）	
晕彩拉长石	Labradorite	2.65 ~ 2.75		1.559 ~ 1.568（ ± 0.005）	
天河石	Amazonite	2.54 ~ 2.58		1.522 ~ 1.530（ ± 0.004）	
珊瑚	Coral	2.60 ~ 2.70	3 ~ 4	1.486 ~ 1.658，点测 1.65	109
天然玻璃	Natural glass		5 ~ 6	1.490（+0.020 ，–0.010）	119
玻璃陨石	Moldavite	2.32 ~ 2.40			
火山玻璃	Volcanic glass	2.30 ~ 2.50			
黑曜岩	Obsidian				
硅孔雀石	Chrysocolla	2.0 ~ 2.4	2 ~ 4	点测 1.50	117
欧泊、蛋白石	Opal	1.25 ~ 2.23	5 ~ 6	1.450（+0.020 ，–0.080）通常 1.42 ~ 1.43 火欧泊低达 1.37	106
琥珀	Amber	1.00 ~ 1.10	2 ~ 2.5	点测 1.54	110

参考文献

张培莉 .
系统宝石学（第二版）. 北京 : 地质出版社，2006.

何雪梅，李玮 .
宝石鉴定试验教程 . 北京：航空工业出版社，2005.

国家宝玉石质量监督检验中心 .
中华人民共和国国家标准 GB/T16552–2010. 珠宝玉石 名称 . 北京 : 中国标准出版社，2010.

国家宝玉石质量监督检验中心 .
中华人民共和国国家标准 GB/T16553–2010. 珠宝玉石 鉴定 . 北京 : 中国标准出版社，2010.

国家宝玉石质量监督检验中心 .
中华人民共和国国家标准 GB/T16554–2010. 钻石分级 . 北京 : 中国标准出版社，2010.

国家首饰质量监督检验中心 .
中华人民共和国国家标准 GB 11887–2008. 首饰 贵金属纯度的规定及命名方法 . 北京 : 中国标准出版社，2008.

云南省珠宝玉石饰品质量监督检验所 .
云南省地方标准 DB53/68–2008. 珠宝玉石、贵金属饰品标签标识 . 昆明：云南省质量技术监督局，2008.

云南省珠宝玉石饰品质量监督检验所 .
云南省地方标准 DB53/T129–2005. 蓝宝石饰品分级 . 昆明：云南省质量技术监督局，2005.

云南省珠宝玉石饰品质量监督检验所 .
云南省地方标准 DB53/T130–2005. 红宝石饰品分级 . 昆明：云南省质量技术监督局，2005.

李连举 .
穿越彩宝的时空隧道 . 东方珠宝，2012（2）.

陈征，郭守国 .
珠宝首饰设计与鉴赏 . 上海：学林出版社，2008.

汤惠民 .
行家这样买宝石 . 南昌：江西科学技术出版社，2011.

若晏 .
名牌珠宝鉴赏购买指南 . 北京：北京联合出版公司，2013.

作者手记

我很少和朋友说，投资珠宝吧，可以增值。我更愿意说，买珠宝吧，看多漂亮！接触珠宝这么多年，见过无数的宝贝，慢慢有了一种看到眼里、拍下图片就是一种拥有的心态。我用自己有限的经济能力买着适合自己可以佩戴的珠宝，拥有的每一件肯定不是最贵的，但是绝对是有特点的，后面肯定有一个自己喜欢的理由和故事。2004年，我买了套房，小区里的车位不多，和家里商量是否买个车位。爸爸说，你不会开车，买那个干嘛，要买你就自己买。朋友们都说，按照城市的发展应该买。我揣着自己工作几年攒的3万块钱，本看上一只翡翠玻璃种手镯，我纠结在买车位还是买手镯之中。最终，我选择了买车位，很长一段时间我的车位是空着的。现在车位涨到了13万，而那只玻璃种手镯呢，早就已经飙升到80万的价格。我笑着谈着这个故事，但是我觉得也没什么好后悔的，3万、13万、80万，这样的数字，天天在珠宝圈里听到，它只是故事里的一个元素罢了。对于我这样的上班族，不喜欢将买珠宝当做是一种投资，我觉得珠宝和其他商品一样，实用是第一位的，我只买我能用得着、经常用的东西，我更喜欢享受那种发现、驻足、欣赏、思考、问价、还价、拥有、佩戴、欣赏、分享的过程，而不是一个个数字。

做这本书，仅仅是将自己学习的珠宝专业知识，掌握的珠宝鉴定经验，了解的珠宝市场信息，体会的珠宝赏购心得做了些梳理和概括，希望可以给喜欢彩宝的朋友们提供些信息。至于怎么买，多少钱可以买，是在了解、喜欢、比较之后的自我发挥过程，也是我们每个人会一直纠结琢磨的问题。

写书的时候，觉得收集的文字、图片数量不够多，无法将彩宝的知识向朋友们一一讲清；编书的时候，觉得上书的文字、图片质量不够精，无法将彩宝的缤纷向朋友们一一呈现。罢了，我也不算是一个追求完美的女子，仅想做一本让朋友们闲时翻翻的小册子。

感谢各位老师，摩休先生、李连举先生、张金富先生、何雪梅女士；感谢各位同学，泰国长虹发展有限公司深圳珠宝公司马慧、坦桑尼亚中坦联合矿业集团公司朱丽杰，深圳市聚思特珠宝有限公司刁轶飞，北京金钻屋珠宝首饰有限公司刘知纲；感谢各位朋友，昆明理工大祖恩东老师，国土资源学校张辉老师，世纪融通公司罗宁先生，台湾/泰国永庆宝石公司陆永庆先生，香港信廷珠宝唐家俊先生，北京慕妮爱莎珠宝马孝忠先生，昆明晶钰珠宝张国胜先生，昆明晶彩珠宝熊小康先生。感谢各位老师、同学、朋友们对我这本书的文字、图片、资料提供指导和帮助。

当我的书即将完成的时候，和我合作的编辑梦婷去非洲做志愿者去了。真难以想象这个瘦弱、白净、充满才情的小女子参加了国际援助组织，毅然的去了那块神秘、贫瘠、危险的土地，去帮助那些更需要帮助的人。我欣赏她的才情，我羡慕她的坚定，我嫉妒她那种为了追逐理想不停的脚步。我眼前出现一个场景，空旷的非洲大草原上，活跃着一队白衣志愿者，他们脸上洋溢着友善的微笑，闪烁着温暖的眼神，如同那块广袤土地上星星点点的彩宝光芒。

去学习自己感兴趣的知识，

去拥有自己喜欢的物件，

去享受自己认可的生活，

做自己生命中独一无二的珍贵宝石。